意志力是训练出来的 成功就是比别人多坚持5分钟

超强意志力的十堂修炼课

Super willpower

王志艳◎编著

全球顶尖人士都在学的意志力修炼课

让你区别于其他**99%**的人的高效能法则

中国纺织出版社

内 容 提 要

工作效率低，做事常常半途而废，减肥总是反弹，控制不住乱花钱，沉溺于社交媒体和在线娱乐，天天熬夜仍然发现时间不够用……发生这一切，其实都与你的意志力有关！俗话说："意志创造人。"在决定一个人能否成功的后天因素中，意志力排在首要的位置。它影响着一个人的行为、思想，进而影响着一个人的情绪、工作、生活、人际关系等各个方面。拥有了强大的意志力，我们才更容易挖掘出自身的潜力，提升正能量，通过自己的努力获得成功。

不过，意志力并非与生俱来，而是需要通过训练来获得和平衡的。人只有正确修炼和合理运用意志力，才能实现目标，获得想要的生活。本书从十个方面解读超强意志力的修炼法则，告诉读者如何提升意志力并通过运用意志力获得成功。

图书在版编目（CIP）数据

超强意志力的十堂修炼课／王志艳编著．--北京：中国纺织出版社，2015．7（2024.1重印）
ISBN 978-7-5180-1525-2

Ⅰ.①超… Ⅱ.①王… Ⅲ.①意志—能力培养—通俗读物 Ⅳ.①B848.4-49

中国版本图书馆CIP数据核字（2015）第074990号

策划编辑：王 慧　　特约编辑：魏焕威　　责任印制：储志伟

中国纺织出版社出版发行
地址：北京市朝阳区百子湾东里A407号楼　邮政编码：100124
销售电话：010—67004422　传真：010—87155801
http：//www.c-textilep.com
Email：faxing@c-textilep.com
中国纺织出版社天猫旗舰店
官方微博http：//weibo.com/2119887771
永清县晔盛亚胶印有限公司印刷　各地新华书店经销
2015年7月第1版　2024年1月第3次印刷
开本：710×1000　1/16　印张：18
字数：216千字　定价：54.00元

前言

在阅读这本书之前，请先问自己几个问题：你在工作或做事时是否会经常拖延？你是否会经常因为无法控制自己的情绪而感到沮丧、忧虑甚至发怒？你明知道一些习惯是不好的，却怎么都改不了？你设定了一个目标后，没几天就将其抛之脑后？……

如此种种，其实都是缺乏意志力、意志力不够强大的表现。

那么，什么是意志力呢？

意志力并不像水、空气那样，以物质的形式存在，而是一种存在于人们精神系统中的力量。千百年来，人们研究了各种取得成功的方法，希望能够找到成功的捷径。但遗憾的是，大多数研究者都忽略了这股神奇的力量，甚至将它放在一个并不重要的位置上。

事实上，真正创造人生奇迹的往往就是成功者本身所具备的意志力。意志是人的最高领导中心，是所有命令的发布者，同时还是一个人种种行为和态度的始发站，可以直接控制和深刻影响一个人的行为和态度。意志力薄弱的人，面对各种突如其来的事件，往往会选择逃避，甚至因此而一蹶不振；意志力强大的人，在遇到困难或面对各种突发事件时，却有足够的信心和勇气面对，并能克服一切自身和外界的障碍，忍受一切在追求成功的道路上所面临的屈辱和折磨，坚持一切他人所无法长期承受的事，在任何环境下都能鞭策自己自动、自发地努力奋进，直至最后达到预定目标。

意志力虽然如此重要，但是，并不是每个人都具备强大的意志力，也不是每个人都知道该如何修炼这种意志力。在以往的一些有关个人成长的书籍中，虽然有一些关于意志力的描述，但遗憾的是，其中更多的是对意志力重要性的阐述，缺乏一些具体修炼和提升自我意志力的有效方法。而一些本来就缺乏意志力的人在逐渐了解到意志力的重要性却找不到实际的训练方法时，就会变得更加懊恼和沮丧。

《超强意志力的十堂修炼课》正是为满足这些已经认识到意志力对成功的重要性，自身却缺乏意志力，且意欲提升意志力、改变自我能力的读者而编写的。在书中实用性非常强的十堂课程中，阐述了意志力的定义，分析了意志力的强弱对一个人自身发展的影响，帮助读者正确评价自我意志力的优势和不足，同时分享了一套最独特、最实用、最系统的修炼、增强、提升意志力的方法。只要你能认真阅读，并按照课堂中提供的方法一步步去实践、去练习，相信很快你就能看到自己的进步，你的意志力也会获得全面的提升。

与此同时，课堂中还分享了很多成功人士的成功案例，这些案例也都是经过精挑细选的，不仅题材新颖，而且意义深刻，非常能体现意志力对一个人的作用和价值。

总之，意志力的修炼不是一蹴而就的，需要耐心和恒心。但只要你具备了这种能力，你也将变得无往不胜，最终实现自我价值。就像一位美国心理学家所说的那样："一个有意于修炼自己并提升自己意志力的人，将会获得无比巨大的力量，这种力量不仅能完全控制一个人的精神世界，而且能使人的心理达到前所未有的高度。此时，一个人以前从未想过能拥有的智慧、天赋或能力都会变成现实。所有那些一直以来不为人们所发现的东西，其实就存在于人的自身，而控制自己的能力就是那把能够开启人的观察力和征服力的钥匙。”

希望本书能对你有所帮助，成为你事业和人生途中的良师益友。

编著者

2015年1月

目录

第一堂课

出色，源于强大的意志力

人们经常说："意志是人生的财富。"大脑是我们人类获得成功的唯一源泉。在人的大脑中，蕴含着无限的财富。而意志力则是大脑给予人类的重要财富之一。意志力的提高，就意味着你的人生会拥有更多的富贵和成就。这种无穷的意志力，潜藏于我们每个人的身体之中。可以说，凡是能真正创造人生奇迹的人，都是具有超强意志力的人。

1. 什么是意志力?

著名哲学家罗素曾经说过这样一句话："古往今来，对于成功秘诀的谈论实在太多了。事实上，成功并没有什么秘诀。成功的声音一直在芸芸众生的耳边萦绕，只是没有人去理会它罢了。而它反复述说的就是一个词——意志力。任何一个人，只要听到了它的声音，并且愿意用心去体会，就能够获得足够的能量去攀越生命的巅峰。这几年来，我一直在努力致力于一项事业，就是试图在美国人的思想当中植入这样一种观念：只要给予意志力以支配生命的自由，那么我们就会勇往直前。"

意志，是人所具备的一种最重要的心理素质，也是成功者最不能缺少的"精神钙质"。那么，究竟什么才是意志力呢?

在心理学上，意志力就是指一个人自觉地确定目标，并能够根据目标来支配、调节自觉的行动，克服种种困难，进而实现目标的力量。美国著名的理想主义哲学家乔治亚·罗伊斯曾对意志力做出简单的概括性定义，即："从某种意义上来说，意志力通常是指我们全部的精神生活，而正是这种精神生活在引导着我们的种种行为。"一个人一旦学会使用这种神奇的力量，他就会形成一种意愿。这种意愿，就是意志力的外在表现。

简单地说，意志力不仅是一个人种种行为的支撑点，是一个人的行为和态度的始发站，更会深刻影响和直接控制一个人的行为和态度。意志力薄弱的人，面对各种突如其来的事件，常常会选择逃避，甚至因此而一蹶不振；相反，意志力较强的人，面对突发事件、困难窘境时，往往能有足够的信心和勇气来面对，极大的热情会促使他们随机应变，最终突破困境，达到预定目标。

摩尔人的领袖莫利·摩洛克病得非常严重，已经卧床不起。然而，在他被不治之症折磨得病入膏肓之时，摩尔人的军队与葡萄牙人之间发生了一场激烈的斗争。

就在摩尔人束手无策之时，首领莫利·摩洛克竟然从病床上一跃而起，再次将自己的军队召集起来，领导他们积极投入战争，并取得了最后的胜利。

然而，战争刚一结束，莫利·摩洛克便筋疲力尽，不久就撒手人寰了。

在决心要完成某种行为之时，意志力首先代表着这种情况所表现出来的一种力量。如果说一个人具有很强大的意志力，那么就意味着他能够通过意志力本身及自己的身体或其他事物，利用巨大的能力来达到自己的目标。正如爱默生所说的那样，意志力是一种“对整个人进行激励的冲动”。

从这方面来说，我们可以把人的思想比喻成一块电池，电池所释放出电量的大小取决于其个体的大小和容量。我们都知道，电池的体内可以积蓄很多能量，在适当的情况下也能够释放出巨大的电流。对人来说也是如此。一个人在某些特殊情况或某些特殊事件的刺激下，也可能会表现出巨大的意志力，而这种意志力可以激发出其体内的超常能量。所以，我们可以把意志力看成是一种体内积蓄起来的力量，一种可以增加数量、提升质量的能量。

那么，如何才能让自己拥有这种神奇的意志力呢?

（1）时刻对自己充满信心

自信，是意志行为的基础，是个体动机目标与其整体长远目标相互的统一。有一位名人曾说过：大人物与小人物的区别就在于有没有意志力和自信心。只要具备了意志力和自信心，除了违反法律的事外，世上没有事能难倒你。

• 对自己进行深刻的认识，想想“过去的我”是怎样的，“现在的我”在做些什么、想些什么，“未来的我”又该走一条什么样的路。

• 思考这些问题时，最好找一支笔记录下来，因为很多问题并不是一时就能想清楚的，而且将这些问题用笔记录下来，也能让自己的思路更清晰。

• 无论别人如何评价你的能力，你也决不能怀疑自己有成就一番事业的能力，而应对自己能成为杰出人物怀有充分的信心。

（2）运用自我激励的力量

自我激励，即激发自己，鼓励自己，自己激发自己的动机，充实动力源，让自己的精神振作起来。自我激励之所以能够提升意志力，在于自我激励可以激发我们成功的欲望与信心，从而让我们具备一往无前的动机。

• 运用积极的自我暗示，这是培养意志力很好的辅助手段。比如经常对自己说“我希望自己能成功”，“我希望自己成为首屈一指的人”，你就会努力去寻找成功的方法。这就是“贾金斯法则”。

• 树立一个合理的目标，这是迈向自我塑造的第一步。而且，树立目标后必须即刻着手建立，而不是往后拖。你可以随时按照自己的想法做些改变，但不能一刻没有目标。

• 始终要以现在的时态而不是将来的时态肯定自己，比如对自己说“我现在很幸福”，而不是“我将来会很幸福”。

（3）提升自己的专注力

专注力是有目的地将心理活动长时间地集中于某一事物或某些事物上的能力。一个成功的人，往往具有更好的专注力，对人生和事业更专注、更执着。

• 把你的工作和生活尽量分开，不要将两者混为一谈，比如不要一边工作，一边浏览网络上的新闻。建议将工作之外的事情搁在一旁，先专心工作，等有空闲的时候再去做工作之外的事情。

• 认真找到自己最突出的弱点，这样才能实施具体的对策。比如，你总是在工作的同时浏览各种网页，或者频繁地检查邮件，那么就应该尝试在处理重要工作时暂时关闭网络。

• 克服消极情绪，利用积极想象法，想象工作完成的各个环节，而且越具体越好，直至最后成功。

• 找到自己专注力的“黄金时间”，然后将重要的工作放在这个时间来完成，提高工作效率。

2. 意志力决定你人生的胜负

在通常的情况下，大多数人都不相信自己的意志力是无往不利的。只有在紧要关头，人们才最终明白人的意志力究竟有多么重要。对于懂得如何运用意志力的人来说，几乎没有什么是不可能的，只要他的意志力足够强大。

美国成功学的奠基人和最伟大的成功励志导师奥里森·马登曾经说过：“一生的成败，全系于意志力的强弱。具有坚强意志力的人，遇到任何艰难险阻，都能克服困难，消除障碍。但意志力薄弱的人，一遇到挫折就思求退缩，最终归于失败。现实生活中有许多青年，他们也都很希望上进，但就是意志力薄弱，缺乏坚强的决心和破釜沉舟的信念。一旦遇到挫折，立刻后退，所以也终遭失败。”

作为一种自我引导的精神力量，意志力是引导我们成功的伟大力量，也是决定我们人生胜负的神奇力量。它体现为一种承受能力，或者说一种精神气质。一个人意志力的坚强或薄弱，主要是指在承受困难的过程中，这种精神气质得到多大程度的张扬。我们可以虚拟一个关于意志力的坐标或数轴，这种精神气质在坐标——数轴的正方向延伸得越长，那么意志就越坚强；相反，则越薄弱。

成功学大师认为，意志力的发展对于一个人的成功有着至关重要的作用。一个人要想获得成功，就必须要有意志力作为保证。早在2400多年前的孟子就说过：“天将降大任于斯人也，必先苦其心志，劳其筋骨，饿其体肤，空乏其身，行拂乱其所为，所以动心忍性，曾益其所不能，”这段话就生动地说明了意志力的重要性。

因此，要想实现自己的理想，达到自己的目的，就需要具有火热的感情、坚强的意志、勇敢顽强的精神，克服前进道路上的一切困难。

有一位著名的走钢丝的艺人曾经说：“一次，我签下了一场推小车走绳表演。演出前一两天，我突然腰疼。我叫来私人医生，要求他一定要在我表演前治好我的腰疼。如果治不好，不但我赚不到钱，反而还得支付一大笔违约金。但是两天后，我的病情并没有好转，医生让我静养。我告诉他：‘我何必要听你的建议？如果不能治愈我，你的建议又有什么用？’当我到达表演场地时，医生力劝我不要逞强。尽管腰痛难忍，但我依旧拿好平衡杆，抓好手推车把手，像平常一样在钢丝上走了一个来回。演出一结束，我又痛得连腰都直不起来了。我在想，我何以能坚持完成这次表演，可能全靠平时磨炼出来的意志力吧！”

意志力不仅是一种动态的思想力量，也是一种驱使人们对目标不懈追求的力量。这种目标既可以是短暂的、近在眼前的，也可以是永久的、远在未来的；可以是仅仅涉及我们为人处事的细微之处，也可以是关系到我们人生成败的复杂的利益组合。而意志力在长期目标中所能发挥的作用，则取决于其在平时完成某件事时所发挥的作用。

在一些偶然发生的事件中，意志力通常可以表现出巨大的力量。但如果我们面对的是某件事的全过程，或者是关系一生的宏伟目标，意志力可能又会表现得有些力不从心。换句话来说，一个人的决心往往是不够坚定的，所以可能无法在一个很长的时间内或一系列的行为中拥有完全的意志力，当然也难以通过意志力来完成长期的目标。所以，训练和提升我们的意志力，是关系到我们人生胜负的重要条件。

（1）设立一个明确的目标

很多人之所以失败，不是因为他们不努力，而是因为他们没有坚定不移的目标。欲望将人的生命的本质给遮住了，他们所拥有的东西只是暂时的，很多人的成功仅仅因为幸运。所以，对于人的一生来说，设立一个明确的目标很重要。

- 目标不要制定太多，可以制定一个明确的大目标，然后将这个大目标试着分解成一个个容易完成的小目标来一一实现效果。
- 规定一个固定的日期，一定要在这个日期之前完成你的目标——没有时间表，你的船永远都不会“泊岸”。
- 为自己创设几个关键性的词语或短语，当自己遇到挫折想要放弃时，不断提醒自己要坚持。这会激励你继续前进，继而让你对这些关键词做出积极的反应。
- 当小目标很轻易地被完成时，试着调高你的目标，否则可能会让你失去前进的动力。
- 每完成一个目标，都要及时总结一下经验和教训，并适当奖励自己，这有助于维护一个积极快乐的心情。

（2）自觉地采取行动

意志行动必须是有目的的行动，然而有目的的行动又并非都是意志行动，意志行动还必须是自觉性的行动。所谓自觉性，就是指人在行动前，就能对行动的本体意义和社会意义有明确、清晰的目的。

一个具有充分自觉性的人，也能根据对客观事物发展规律的认识，自觉地确定行动的目的，有步骤地采取有效的行动方法，从而减少行动的盲目性，加强自己的主观能动性。

• 确立目标后，要让自己马上行动起来，并且要不断强化信念，时刻清醒地认识到自己的目标和实施计划。

• 为自己写下一些激励性的文字，放在自己随时能看到的地方，并在脑海中逐渐强化这些内容。

• 请朋友或家人监督自己，让他们一旦看到自己出现懒散拖延的迹象时，就及时给予提醒和鼓励，从而时刻让自己保持一种积极的状态。

• 每天或每周腾出一些时间来审视自己，弄清自己在行动过程中的哪些想法和做法是值得肯定并需要继续发扬的，以及哪些做法是应该避免或应立即改正的。

（3）做好调整计划

要提升意志力，做好各项调整计划也十分重要。因为实现目标的道路绝不是坦途，它总是呈现出一条波浪线，有起也有落。所以，我们应合理地安排好自己的休整点。

• 事先看看自己的时间表，除了做出工作的计划外，还要框出放松、调整、恢复元气的时间。

• 即使你现在感觉不错，或者感觉正是处于事业的波峰时，也要安排好自己的休整时间。这才是明智之举。

• 可以利用这段休整时间读书、旅行等，放松自己紧绷的神经，为重新战斗补充能量。只有这样，在你重新投入计划时才能更富有激情。

3. 坚强的意志力来自哪里

既然意志力有如此重要的作用，那么有人就要问了：“坚强的意志力到底来自哪里？”“我是不是天生就缺乏这种意志力？”

心理学上认为，人的意志品质并不是生来就有的，而是在人与环境的交互作用下发展而来的。人的意志品质的形成会受到先天生理因素的一些影响，但更取决于后天的社会环境影响和所受教育的作用。

意志，作为一种心理过程，与认识、情感过程是一样的，也是人脑的一种机能。人的大脑皮层是人体活动的最高指挥部，它的“活动分析器”对人体运动具有重要意义。所谓“活动分析器”，也就是一个使神经冲动由外向内传入，再由内向外传出的神经机制。它可以感受来自活动器官的神经冲动，并调节活动器官的各项活动。这样一来，来自机体内外的各种刺激就会通过暂时神经联系，引起大脑皮层区神经细胞的兴奋和抑制，从而引起或抑制有关活动。同时，人体的每一个运动反应又会顺着传入神经反馈给大脑一个信号，让大脑根据这个信号不断矫正活动，以使其符合要求。在这种调节控制下，人便实现了自己的意志行动。

由此可见，人的活动一般都是有意识、有目的的活动。在进行各种活动时，人总会根据自己对客观规律的认识，先在大脑中确定行动的目标，然后再根据目标选择具体的方法，组织行动，最后达到目的。在这个过程中，人们不仅能意识到自己的需要和目的，还能以此来调节自己的行动，以实现预定的目标。而意志力，就是在这样的实际行动中表现出来的。

虽然一些先天性的生理机制对意志力的形成起着一定的作用，但研究表明，对意志力的形成起决定作用的仍然是后天的社会环境和所受的教育等。这也为意志力的训练和提升提供了广阔的前景。只要正确得法，我们每个人都可以成为一个意志力坚强的人。

其实人与人之间、成功者与失败者之间、强者与弱者之间，最大的差异通常不是能力、素质等方面的差异，而是意志力的差异。正因为意志力需要后天的培养和训练，许多没能成功锻炼出坚强意志力的人最终成了弱者、失败者，而那些磨炼出坚强意志力的人也成为了少数的成功者。

奥运会历史上最伟大的女子短跑运动员威尔玛·鲁道夫，4岁时不幸同时患上了双侧肺肺炎和猩红热。虽然最终勉强捡回了一条命，可由于猩红热引发小儿麻痹症，她的左腿落下残疾。从此，幼小的威尔玛不得不依靠拐杖行走。

直到11岁，威尔玛都不能正常行走，只能每天穿着一双特制的钉鞋练习走路。但是，她一直没有停止锻炼自己的双腿，每天都要练习行走很长时间。

13岁时，威尔玛决定参加中学举办的短跑比赛。出乎所有人意料的是，威尔玛凭借惊人的毅力，比赛过程中一举夺得100米和200米的短跑冠军，震惊了整个校园。

从此，威尔玛爱上了短跑运动，每天早晨坚持练习短跑，直练得小腿发胀、酸痛也不放弃。

1960年，在美国田径锦标赛上，威尔玛以22″9的成绩，创造了200米短跑世界纪录。在当年举行的罗马奥运会上，威尔玛又接连获得了3枚短跑金牌。

是什么力量让一个从小左腿残疾的女孩闯过命运的低谷，最终成长为一名震惊世界的田径冠军？答案就是：意志力。

意志力的发展对一个人的成功具有举足轻重的作用。没有人能够预测意志力的力量到底有多大。与创造力一样，意志力根植于人类伟大的内在力量的源泉之中，这是人人都拥有的一种来源于自我的力量。所以，想要在竞争激烈的环境中脱颖而出，就必须让自己成为一个果敢而有坚强意志力的人。

（1）从最简单的目标开始行动

要训练意志力，就必须先为自己设立一个目标，制订一个计划，无论是学习、工作还是健身目标和计划，都能对我们的生活起到正面的积极作用，让我们对未来充满期待。

但是，设立过高、过大的目标或计划反而不容易马上实现，最终导致目标失败，挫伤我们的积极性，使我们的意志力被扼杀在摇篮中。因此，我们应该从设立简单、明确、切实可行的目标或计划开始，从最简单的目标做起。当我们专注于完成那些最简单的事件时，就会引发一股强大的能量，这证明我们的内心已经开始行动了。而开始行动后，我们的身体也会产生一股惯性，从而自觉地将计划继续执行下去。

• 把近期想要实现的目标都写下来，尤其是容易实现的目标，如考试、休假、旅行等，并依照目标的重要性在纸上划分出区域，将最简单的目标放在前面，比较复杂的放在后面。这样，整个纸张就由这些区域大小不同的目标组成。

• 即使是最简单的目标或计划，也不要太模糊，比如，“我打算多读点书”或“我想多学点东西”等，而应明确、具体地表示为“我计划每天晚上读一个小时的书”或“我打算每天背50个英语单词”。这样的目标不仅明确，而且也更容易实现。

• 当你开始行动后，一定要给自己一些正能量的暗示，鼓励自己坚持到底。

• 当一个简单的目标实现后，适当地给自己一些小奖励，坚定自己的意志力，并为下一个目标的实现继续努力。

（2）想象自己的意志力很坚强

拿破仑·希尔在他的《思考致富》中提到说，“心想事成”这四个字是非常正确的，如果我们把心中的理想与坚定的目标、坚韧的毅力、强烈的信念和积极的行动结合在一起，就一定能够成就大事。这也正是“吸引力法则”所提倡的“你的思想就是种子，你收成的果，乃依你播下的种子而定”。所以，即使你的意志力现在还不够坚强，你也一样要“想象”自己拥有超强的意志力。

• 认真审视一下自己的生活状态，试着问问自己：我对这种生活状态满意吗？如果满意，可以继续保持积极的心态前进；如果不满意，继续下面的方法。

• 改变自己的观念，“想象”自己的意志力很强大，并下决心一定要成为一名意志力更强的人。

• 从现在开始，与那些充满意志力和正能量的人交朋友，了解他们的成功经历，并在自己能力许可范围内效仿他们的做法，磨炼自己的能力与意志力。

4. 你处于意志力级别中的第几级

有一位作家说过：“世界上有三种人：想做事的、不想做事的和不会做事的。想做事的成就一切，不想做事的反对一切，不会做事的搞砸一切。”

正如英国散文家福斯特所言：在命运的海滩上，散落着天才们的残骸，他们因为缺乏勇气、信念和决心，逐渐消失在人们的视野之中；而那些有着坚定意志力的平庸之人却最终抵达了目的地。

为什么那些踌躇满志的人会在扬帆起航之后纷纷折戟沉沙呢？他们本来都拥有“精良的装备”，如过人的天赋、接受良好教育的机会、较高的社会地位等——这一切本可以让他们平步青云。可是，他们却一个接一个地落在了后面，被那些智力、教育和地位远不如他们的人所超越。这是为什么呢？

一言以蔽之，他们的意志力不够坚强。虽然世界上每个人的精神系统中都有意志力存在，但不同的人，其意志力的强弱也是截然不同的。一个意志力薄弱的人，就像是一台没有蒸汽的蒸汽机，这样，不论他本来是个多么出色的天才，最终也可能只是一把橡子而不能成为一片橡树林。

那么，意志力的强弱又是如何划分的呢？

美国著名心理学家菲尔图将不同人的意志力分为九个等级，分别为“零级”“奴隶”“拖延者”“行动者”“中途停车的人”“慢跑者”“勇敢者”“长跑冠军”和“意志力国王”。

这是对意志力的一种比较详细的分级了。比如，其中的“零级”并不是说一个人根本没有意志力，而是认为这类人的意志力极其薄弱。处于这一级别的人，可能根本就不想做成任何事，每天都在混日子，打发时间。很多失败者或者无业游民，基本都属于这一级别。

“奴隶”级别的人，意志力也很薄弱，但他们也有属于自己的特点，就是做事缺乏主动性，往往都是被迫去做，所以被称为“奴隶”。他们的意志力强弱也完全取决于别人给予他们的压力大小。这类人通常在学生和工人中比较多。

“拖延者”，顾名思义，就是做事经常拖拖拉拉的人。这类人经常也会主动去争取做一些事情，但就是喜欢找借口拖延，把今天的事情推到明天，明天的事情推到后天，或者下周、下个月。总之，他们很难依靠意志力完成今天的既定任务，因此也属于意志力比较薄弱的一类人。

“行动者”，光看这个称呼，应该就能知道，他们是一类会对目标有所行动的人。但是，他们往往容易心血来潮，忽然就对某件事产生了兴趣，并且也会花费时间和精力去做、去研究，在最初的阶段意志力也比较强大。但是，这种情况常常坚持不了多久，很快他们就放弃了自己的目标，变得一事难成。

接下来就是经常“中途停车的人”。他们也经常会制订一些目标或计划，而且还会有模有样地行动起来，实施一段时间。但是，他们也不能坚持到底，就像车还没到站，半路他们就停车不走了，结果目标和计划也是半途而废。

“慢跑者”是一类生活情绪波动较小、看待问题比较理智的人。他们具有一定的意志力，也能积极采取行动，朝着自己的目标前进。但是，他们前进的速率并不高，而且难以承受较大的挑战，意志力水平通常都是保持在一条直线上，不会减弱，也不容易增强。

“勇敢者”在实现目标的过程中，表现得就像一个勇士一样，敢于接受较为困难的挑战，而且越是遇到困难，意志力就会越强大，甚至会表现出惊人的意志力。他们不喜欢散漫拖沓的生活，既有主见，又有自控性，对生活一直都充满激情，所以也比较容易获得成功。

“长跑冠军”是一类可以实现个人目标的人，而且还做得很不错。在实现目标过程中，他们通常能够做到张弛有度，该加速时，能让意志力变得非常强大；在需要保持体力时，也能让意志力变得格外持久。所以，他们一般也能够成为各行业中的顶尖人物。

意志力的最高级别就是“意志力国王”，而且世界上只有很少一部分人能够进入这个级别。他们的意志力水平能够凌驾于绝大多数人之上，想实现什么目标就能实现，任何困难和挫折对他们来说都是能够轻而易举地克服的。因此，他们也能够让强大的意志力为自己服务，并成为时代的佼佼者。

弄清了意志力级别的每个等级的基本情况，现在我们来思考一下，看看自己正处于哪个级别。是意志力的“拖延者”还是“长跑冠军”，抑或是最高级别的“意志力国王”？

不过，无论你处于意志力级别中的第几级，你都可以通过磨炼来提高自己的意志力。而且越处于意志力级别靠下的位置，意志力增强的效果就越明显。因为在这种情况下，我们固有的习惯和思维相对来说也更容易得到调整。

（1）让自己行动起来，克服懒惰

积极的行动不但能增强人的免疫力，还能增强人的脑力和意志力，可以让人摆脱消沉的状态，变得精神振奋；同时通过跑步和跳跃、击打等活动，还能令人的负面情绪随着汗水发泄出来。

• 在周末或假期，不要总宅在家里，走出家门，行动起来，可以参加一些体育运动，如跑步、打球、跳操等，让自己挥汗如雨，磨炼意志力。如果不能进行以上活动，简单的肢体伸展和跳跃也能让我们克服懒惰，恢复活力。

• 周末或假期为家里做一次大扫除，让自己活动起来，焕发出精神和意志力。

• 积极参加公司或社区组织的活动，调动自己的积极性，锻炼自己的耐心。

• 抓住一天中的任何空当，做一点自己感兴趣的事，磨炼你的热情。比如：利用上班前的时间与伴侣一起吃顿早餐；晚饭后，整理一下阳台上的花花草草；或上网玩15分钟的围棋。如此，会让你更容易找回对生活的热情。

（2）给自己注入正能量

一直以来，专家学者都告诉我们，从事一份有意义的工作是建立自信最好的方法之一。然而许多人在进入职场后，却常常因为工作效率不高、工作表现不如预期，或人际关系出了问题等，反而被工作剥夺了自信，意志力也变得薄弱起来。

因此，要想从“零级”“奴隶”成长为“勇敢者”“长跑冠军”，甚至“意志力国王”，我们就需要不断为自己注入正能量，挖掘大脑中潜藏的潜力，让自己的意志力不断得到提升。

• 准备一张小卡片，每天至少写下三件让你感到自豪的事情。这并不是指你今天又接了一个多大的案子，而是指你为之付出百分之百努力的事情，即使是一件很简单的事，即使你的提案最终并没有通过，也应该写下来鼓励自己。如果你实在想不出来自己到底做了哪些努力，可以找个值得信任的朋友或同事帮助你。

• 在家中你自己经常经过的一面墙壁上挂一个小公告栏，将所有能展现自我价值的“奖状”都贴在上面。比如，你辛苦设计的报告封面，被老板称赞的一个策划方案，或是生日时同事合送你的干花。每天经过时看一眼，你就能吸收到它们传递给你的正面能量。

• 当你出现负面情绪，或者产生懒散表现时，要立刻提醒自己停止这种想法或做法，专注于如何解决问题。也可以在你的电话或计算机旁贴一个禁止标志，时刻提醒自己不要陷入负面的思考当中。

5. 意志力改变习惯，习惯决定命运

人的生命在某种意义上来说也都是由一堆习惯系统地组合起来的。不管我们是否承认，我们无时无刻不在“模仿、复制过去的我们”。随着年龄的增长，我们也越来越像一架被安装了固定程序的机器，习惯的力量在逐渐增强。

习惯一旦形成，便极具稳定性。心理上的习惯左右着我们的思维方式，决定我们的待人接物；生理上的习惯左右着我们的行为方式，决定我们的生活起居。所以，当我们的命运面临抉择时，习惯也会帮我们做出决定。好的习惯，可以让我们生活得更好、更精彩、更成功，而坏的习惯则会令我们的生命价值大打折扣，甚至会使成功变为失败。所以说，习惯也是一种决定我们命运的力量，无怪乎有人说成功与失败的最大区别就来自不同的习惯。

好的习惯像是一匹看不见的马，载着你不断前进。就像美国总统奥巴马，健身的习惯让他在镜头前看起来永远都精力充沛，充满力量和自信，这也能带给公众极大的心理暗示——他是一名值得信赖的总统。

不过，要养成一个好习惯并不是一朝一夕的事，它需要以你的意志力作为支撑。而且，越是难以养成的好习惯，就越需要强大的意志力。同样的道理，要改掉一个坏习惯，也不是一蹴而就的。有关专家研究发现，一般人要想养成一个新习惯或改掉一个旧习惯大约需要三周的时间。所以，养成好习惯与改掉坏习惯，都需要拥有坚强的意志力，用意志力的力量来影响你的习惯。

但是，无论是改掉坏习惯，还是养成好习惯，能够坚持就代表了强大的意志力。著名畅销书作家斯宾塞博士曾说过：“水滴石穿的坚持，就是意志力的完美体现，也是创造这个世界的最伟大的力量。”

NBA著名球星拉里·伯德可称得上一代传奇人物，他拥有三只总冠军戒指，被球迷们亲切地称为“大鸟”。拉里的三分球得分能力是他能

够率领球队获得冠军的有力保证。有人问他说：“你是如何做到这一点的？”

拉里笑着回答说：“我在上中学时就开始练习三分球投篮了，每天早晨我都会投500次篮后再去上学。我坚持这么做，直到我成为一名职业运动员。”

如果你也能坚持这样做，可能不需要多高的天赋，你也能够成为一名优秀的球员。所以说，运用意志的力量，坚持养成一种好的习惯，或坚决改掉一些坏的习惯，我们的生活一定会越来越好，离我们的人生目标也会越来越近。

（1）找到适合自己强度的工作或学习时间

有些人在工作或学习时总有些拖拖拉拉的习惯，本来应该一小时完成的工作，却可能拖上半天。这时，我们要试着找到适合自己强度的工作或学习时间，然后根据自己的实际情况来调整每天的工作或学习计划，最好能给自己设定一个专注的时间，并给自己定下倒计时间。这样，我们的心理上就会产生紧迫感，从而促使我们更加集中注意力完成任务。

• 如果你以前从没有连续工作或学习一小时以上，就不要制订一个每天连续工作或学习二或三小时的计划，可以把它变为连续半小时或一小时，再把半小时或个小时的时间拆分为每次10分钟或20分钟，这样也更容易坚持下去。

• 把每天的工作或学习计划放在首要位置。如果感觉自己在早上时精力最旺盛，就要充分利用早上的时间来完成你的计划。

• 充分利用零散时间来完成你的计划。如果感到自己很忙，无法拿出整片的时间来工作或学习，就利用零散的时间段来完成计划。如上下班坐车的时间、午饭时间、排队时间等一些小块的时间。

（2）击溃你的坏习惯

通常来说，那些无法有效根除自己坏习惯的人，主要是犯了以下几种错误：首先，是缺乏意志力；其次，是不能清晰地把握这一坏习惯的动机和后果；最后，是自己不情愿根治这些毛病。

为了克服坏习惯的影响，我们必须全身心地投入某件事当中，并且还要认真地考虑坏习惯的原因和造成的后果，然后下定决心摆脱它们的影响，让自己成为一个拥有意志力和好习惯的人。

- 找出你形成坏习惯的起因。所有的习惯都是有起因的，而我们日常生活中的一些事都为这些习惯铺平了道路。比如吸烟就有很多原因：喝咖啡、吃饭、应酬、压力大、举行会议、早起困乏等。

- 找一个小小的积极习惯来代替原来的坏习惯。记住，这个小小的、积极的新习惯一定要从小处开始，否则便很难坚持下去。比如要培养一个早晨写作的习惯，那么每次写5~10分钟即可，不要想着一下子写出来3张纸的内容。

- 当自己实在撑不下去时，可以寻找你的伙伴或朋友帮忙，让他们来监督你。

- 在改变了一个旧的坏习惯后，定期给自己一些奖励。比如每天或每周表扬一下自己，享受一下按摩，或者出去吃一顿好吃的，等等。小小的奖励能让我们战胜因袭旧习的冲动。

（3）自觉地运用意志力

可能有这样一条规律：克服坏习惯的过程中必须有意识地运用意志力，虽然在养成这个习惯时是完全无意识的。虽然人们不断地提醒自己要下定决心，但其实意识深处并没有将其当回事。所以，在这个自我克制的过程中，我们必须自觉地去克制自己，这样才能增强意志力，并在意志力的激励下不断朝着好的方向努力。

- 拿走你桌子上所有与工作无关的东西，只留下与你手头事务有关的。这样你会发现，你的工作其实很容易处理，也很有头绪可循。

- 当工作中遇到问题时，必须当机立断，不要给自己找任何借口拖延，比如“我现在太忙”“我有更重要的事情要做”“现在做这件事的时机不对”等。如果用这些借口来搪塞自己，那么结果就是什么事都没做，最终一事无成。

• 当有消极的念头出现时，大胆地承认它的存在，敏捷地抓住它，而不是调动激烈的力量与它决一死战。坚持挺过这段时间，你会发现这个消极念头已经渐渐自动退缩，最终你也能战胜它对你的消极影响。

6. 意志力“三步走”：决心—信心—恒心

意志是人自觉地确定目的，并根据目的调节支配自身行为，克服困难，去实现预定目标的心理过程，也是人的主观能动性的一种突出表现形式。从意志力的内部心理机制来看，意志的基本过程可以分为决心—信心—恒心“三步走”，而且这“三步”也是意志结构中三个重要的心理因素。它们之间相互作用，相互渗透，共同制约着人的意志行动。也就是说，要从事一项需要意志力的行动，首先要下定决心，还要树立信心，必要时还要有恒心。

决心是意志过程的第一阶段，即对自己所做决定的肯定，并倾向于坚定不移地实施决定的心理。不过，下决心并不是轻而易举就能完成的，它通常需要经过一系列复杂的心理活动，比如首先要认清客观条件，选择与确定行动的目标。每个意志行动都有其最终目的，而这个最终目的却不是一下子就能确定下来的，往往需要人们反复衡量、多次比较，通过积极的思考，然后才能下决心确定下来。

坚定的决心是一种力量，也是我们战胜困难所必需的。只有拥有坚定的决心和必定会成功的信念，我们才可能赢得别人的信任和帮助。

一家全球知名的保险公司总经理说过，在工作中，他所遇到的最大难题就是选择可靠的工作人员。因为每次招聘经过严格的考试后，难得会有一两位候选人是合格的。

他的考试方式很特殊，其目的就在于测试应试者是不是一个具备坚定信念与决心的人。因此，在面试中，他总是用种种消极话语来告诉他们保险业的重重危机和实际工作中的巨大困难。很多人听了他的话后，也都认为前途一片惨淡，因而打消了去保险公司工作的念头。只有极少数人在听了这位总经理的描述后，仍然不为所动，决心依旧。同时，言谈举止之中也能做到处处谨慎大方，并显示出忠诚、富有勇气等特质。这样的人才，才是这家保险公司所需要的。

百折不回的意志力是获得成功的基础，而坚定的决心是意志力的第一大要素。除此之外，意志力的第二大要素就是信心，即相信自己的愿望或预料一定可以实现的心理状态。它是决心的基础，又是实现决心的重要保证。一个人具有自信，就会满怀热情地投入到意志行动中去，遇到困难时也不会轻易屈服。

在日本有一所很著名的能力开发所，所长名叫坂本保之介。上初中时，坂本在全年级500名学生中名列第470名。他喜欢玩耍，讨厌学习，因此一直被老师们认为是脑子很笨的学生。

不过，坂本的父亲很善于培养孩子的信心。比如，他有时会和坂本一起下棋，将规则教给坂本后，父亲就故意输给他，还鼓励他说："你的棋艺进展很快呀！下棋是一项非常紧张的智力操作活动，如果你没有高度发展的智力，是不可能这么快战胜我的。"

在父亲的强化训练下，坂本逐步树立了自信。初中二年级后，他的成绩快速升上来。在强大自信的支撑下，他继续努力学习，后来成为一位知名学者。

可见，人只有对自己保持坚定的信心，才能闯过难关，战胜自己，最终取得胜利。

现实生活中，信心一旦与思考结合起来，就能通过激发大脑潜意识来激活无限的智慧和力量，使每个人的欲求转化为物质、财富、事业等方面的有形价值。有人说：成大事的欲望是创造和拥有财富的源泉。人一旦产生了这一欲望，并经由自我暗示和潜意识的激发后形成一种信心，这种信心就会转化为一种动力。它可以激发潜意识释放出无穷的热情、精力和智慧，进而帮助其获得巨大的财富与事业上的成就。所以，人们也经常将信心比喻成“一个人心理建筑的工程师”。

恒心是信心的深化，是实现决心的重要保证。即使是一个自信心很强的人，如果在某项意志活动中经常遭遇困难和失败，其自信心也难免会受到打击。此时，若缺乏恒心的支持，就可能会半途而废，一事无成。因此，许多成功人士都特别重视恒心的作用。

著名发明家爱迪生就是一个特别有恒心的人。每当他发明一件东西时，他都要忍受别人的讥笑和指责。但是，爱迪生对这些毫不在意，继续努力为自己的发明寻找依据。据说他在发明电灯的过程中，为寻找适合做灯丝的材料，先后试验过1000多种材料。当别人讥笑他时，他却回答说：“在失败999次的同时，我也证实了这999种材料是不能用来做灯丝材料的。”

当人们竭尽全力却依然要面临失败的结局时，当意志力消耗殆尽即将宣布绝望之时，恒心却依然坚守阵地，最终帮助人们战胜困难，获得成功，同时也再一次强化了被挫折削弱的意志力。而当你依靠决心、信心和恒心完成一件艰难的事情后，你会发现，你的意志力也得到了飞速提升。

那么，作为普通人的我们，应该怎样提升自己的决心、信心和恒心，让自己的意志力变得强大起来呢？

（1）运用积极的自我暗示

成功的人往往都很善于运用积极的自我暗示，不论遇到什么困难，都始终不怀疑自己获得成功的能力。这种自我暗示与自我激励一样，可以给自己以信心，同时暗示的内容本身也是我们成功的动力与方向。所以，自我暗示也能让我们鼓起勇气，一往无前，由此获得战胜自我，特别是战胜内心恐惧感的强大意志力。

• 每天早上起床和晚上临睡前，选择一些积极、肯定、坚决、富有激励性的语言，各用一分钟左右的时间对自己进行暗示，如“我是有能力的”“我在各方面会越来越好”“我是自己生命的主人”等。而且要每天坚持背诵，做到反复强化。

• 暗示的语句要有相信成功的可行性，不能在自己的心理上产生矛盾与抗拒。如果认为“我在今年要赚50万元”这个目标过大的话，不妨选择一个切实可行而又比较理想的目标，如“我今年之内要赚到20万元”。

• 在默诵或说出暗示的语句时，要通过想象在自己的脑海里清晰地看到自己实现目标时的样子和情景，而且越具体、越真实越好。因为具体而真实的情景才能激励自己的行动和热情。

（2）驱除让自己不自信的情结

一位哲人曾这样告诫世人：“失去金钱的人损失甚少，失去健康的人损失极多，失去自信的人损失一切。”

我们人生中的每件事都由信心开始，并由信心跨出第一步。所以不论在任何时候，我们都不要轻易丢掉对自我的信心。

怎样建立信心呢？下面是专业人士总结出来的培养自信的方法，或许对你有所帮助。

• 在与别人交往时，要敢于正视对方，这等于是在告诉别人：我很自信，我可以与你很好地合作，处理好眼前的问题。

• 练习当众发言，不要总是对自己说“等下一次再发言”，这只会让自己越来越丧失自信。

• 用肯定的语气说话，将你话语中所有的否定句和疑问句都改成肯定句，这将会在潜移默化中改变你的消极心理，一点点地赋予你自信和积极思考的习惯。

（3）不给自己任何借口

一个残酷的事实是：当我们开始为自己寻找借口时，我们的意志力就已经变弱了。因为在寻找借口过程中，我们的潜意识就在逃避了，逃避我们即将付出的劳动和遇到的困难，让我们可以更“轻松”地放弃计划，停止行动。

不给自己找借口，是锻炼我们的恒心和意志力的最有效的方法之一。所以，我们应该勇敢地剪断那根“借口绳索”，让它彻底从我们的生活中消失。

- 停止使用“但是”这个词。比如：“我计划昨天写报告的，但是，我实在太累了”或“我计划今天办这件事的，但是我一忙起来就忘了”等等。这些借口只会让我们变得拖延，让我们丧失做事的决心和恒心。

- 当你因为一些所谓的理由而没能按计划完成一件事时，不妨使用“加倍偿还”的方法来“惩罚”一下自己。比如，你今天本来应该去长跑半小时的，但你给自己找了诸如“今天天气太热了”或“少跑一天没什么大碍”之类的借口，没有去，那么第二天就要强迫自己长跑一个小时，以警示自己：不能再给自己找借口。

7. 越渴望成功，意志力越强大

人类的意志力具有某种无法破解的神秘力量。作为人类思维能力的一种，意志力对我们每个人来说都是一种熟知又实用的东西。尽管不同的人对意志力的源泉、意志力如何影响人，以及意志力的积极作用等，有着不同的看法，但所有人几乎都认同这样一种观念：意志力是人类精神领域中一个不可分割的组成部分。进一步说，在我们每个人的生命中，意志力都发挥着异常重要的作用。

如果把“意志力”作为人所拥有的一种能力来看的话，你会发现，一些成功人士的重要特征就是：他的内心拥有强大的意志力，并且这种意志力总是喷薄而出，源源不断。拥有这种意志力的人看起来也是朝气蓬勃，充满战斗力的。有人说过这样一句话：“你首先要学会告诉世人，自己并非似草木般柔弱，而是如钢铁般坚强。”只有拥有这样坚强的意志力，才能获得不可估量的成就。

2005年卡塔尔亚锦赛复赛时，中国男篮在与黎巴嫩的比赛中，对手“恶意”犯规，导致队员姚明的下巴被对方肘部击中，瞬间血染赛场。按照比赛规定，姚明需离场对伤口进行处理，但是为了鼓舞士气，赢得比赛，姚明只在休息室进行了简单处理，没有缝合伤口就返回了赛场，最终率领球队以较大比分战胜亚锦赛亚军黎巴嫩队。

直到比赛全部结束后，姚明才准备进行手术缝合。当时，姚明下巴上包裹的厚厚的纱布和胶布已被鲜血完全浸透。除去纱布之后，大家发现姚明的下巴血肉模糊，在场的人无不心痛，但姚明却只是笑着说：“我的脸上加上这4针刚好缝过60针，这4针也是小意思。”

范甘迪曾评价说：“姚明在体力不支的情况下，仍然咬牙挺了下去。我对他在比赛中表现出来的坚强意志品质非常欣赏！”

姚明具有非常坚强的意志力，这也是他不断前进、渴求成功的动力。如果没有这种对成功的渴求，又怎么能产生如此巨大的忍耐力和意志力呢?

对成功的渴求是一种很奇怪的心理，它可以激发出一个人强大的意志力，而且对成功的渴求越强烈，你所具备的意志力就越强大。

本杰明·富兰克林年轻时就曾经无比渴望成功，对目标也有着超乎常人的坚持。当他在费城开始经营自己的印刷生意时，为了节省人力财力，他每天自己用手推车搬运材料。他只租了一个很小的房间，兼做办公室、工作间和卧室，每天都过着十分艰苦的生活。有一天，他将自己最大的竞争对手请到这个房间，指着晚饭吃剩下的一块面包对他的对手说："除非你能过比这更简朴的生活，否则你别想把我挤走。"

正是基于这种对成功的渴望，富兰克林才磨炼出强大的意志力，克服重重困难，最终成为一名出色的出版商。

在心理学家看来，意志力是一种发自内心的、自我驱动的力量，也是每一位成功人士都拥有的最主要的精神特质。一个能体会到强大意志的作用，并愿意自觉修炼自己意志的人，也将获得无比强大的力量。这种力量不仅可以完全控制一个人的精神世界，还可以引导人的心智达到前所未有的高度，帮助他克服困难，并最终实现自己的人生目标。

一个人如果具有渴望成功的强烈愿望，那么他也会自觉去修炼和提升自己的意志力，从而获得强大的力量。此时，一个人从未设想能拥有的智能、天赋或能力也都变成现实。事实上，所有那些人们长久以来都无法看见的东西其实就潜藏于人体自身，而开启洞察力和征服力的能量之门的神奇钥匙，就是我们不断强调的意志力。正如爱默生所说的那样的，"只有当一个人与他的意志相互沟通、融为一体时，这个世界才有驱动力。"

（1）每天10分钟意志训练

意志力是一种能量，它不会无缘无故地产生，却能够通过训练来获得并加强。我们的建议是：每天坚持10分钟意志力训练，它会成为一支没有任何副作用的兴奋剂，并能让我们在最困难的时候对实现目标充满信心。

• 每天都鼓励自己克服一些小困难。比如，花几分钟时间阅读一篇外语文章，用自己刚刚学会的程序写一份报告，等等。经常这样克服一些小困难，在某天遇到大困难时你也会鼓励自己坚持完成。将这种做法长期坚持下去，就会为自己储备很大的"意志能量"。

• 做好时间管理，不断延长意志训练的时间，让自己的行为透明化，提高做事效率，这样才能让意志更加坚定。

（2）时刻记住你为之努力的目标

要想拥有强大的意志力，首先要有一个为之努力奋斗的明确目标。有了这个目标，我们的生活才会有希望、有激情，并愿意激发体内的潜能为之奋斗，追求成功。在这个不断追求实现目标的过程中，我们的意志力也会随着增强。

所以，不论任何时候，我们都要记住自己为之奋斗的目标，鼓励自己不断前行，努力接近那个目标。

- 时刻提醒自己，你目前所做的所有努力都是为了实现那个目标，所以要尽量避免一些与目标无关的浪费。目标不是制定完就万事大吉了，还要时刻将它记在心里，不要让自己努力的方向偏离既定目标。
- 不要随便给自己找借口，更不要将刚刚取得的一点成就当成自己放纵、拖延的借口。在面对困难或诱惑时，我们更应努力地战胜放纵自我的念头。
- 尽可能让工作和娱乐分开进行，强化刺激工作的元素，远离娱乐的诱惑，让自己不至于因为娱乐而忘记了本该完成的工作。

（3）培养紧迫感

很多人进行意志力训练，主要是为了让自己做任何事都能又快又好。但遗憾的是，不少人往往只有美好的期望，或者也能每天都为这种期望而付诸努力，但他们就是提不起精神来。导致这种情况出现的主要原因就是人们心中缺乏一种紧迫感，在潜意识中缺乏一种不停催促自己完成工作的力量。

生物学家研究发现，人们在做事时的紧迫感会促进大脑分泌一种能让人的注意力更集中、意志力更强大、身体机能运转更出色的物质，这种物质会在你感到紧促的时间段内集中释放出来，让你完成平常状态下无法完成的工作，甚至可以创造出奇迹。

可见，要提升意志力，培养自己做事的紧迫感大有必要。

- 不断刺激自己，比如在自己随时能看到的地方贴上这样一句提示：“在你休息娱乐的时候，你的竞争对手正在想方设法战胜你！”相信每次你抬头看到这句话，都能自然而然地产生一种紧迫感。

• 当你感到松懈时，不妨在大脑中冥想一下那些你不希望发生的不利于你的情况，比如：因工作未能如期完成而被炒鱿鱼，本来应该拿下的一个项目被竞争对手抢走，等等。不断强化这种刺激会让你感到压力，从而提升紧迫感。

• 虽然紧迫感对提升意志力很重要，但时刻让自己的大脑神经绷得紧紧的也会感到疲惫，所以也要学会适当放松。在放松时要告诉自己：“我这样是为了随后让自己更具紧迫感，更具意志力。”在这种意念的引导下，你才不至于让精神完全松懈下来，以致再提不起精神去付诸行动。

8. 停止自我否定，坚定自己的意志

一说到意志力，经常听到有人说：“我的意志力不行呀，做事总是坚持不到最后！”“我天生意志力就差，根本不可能完成那么困难的任务。”……

如果你还在这样否定自己，那么我要告诉你的是：马上停止这种自我否定，因为这种否定会让你对自己越发不自信，意志力也越发薄弱。相反，如果能多欣赏自己身上的优秀品质，多肯定自己的优点，你就有可能创造一个积极的自我形象，不断提升自己的意志力，扫除成功路上阻挡自己的一切不可能。

其实每个人的一生都不可能是一帆风顺的，而意志力则是一个人获得成功的最强大动力。一个人只有具备坚强意志力，才能承受常人难以承受的挫折，排除常人难以跨越的障碍，从而完成常人难以完成的事业。纵观历史，放眼世界，凡是那些成功的人，无不是意志力非常强大的人。

在第二次反法同盟战争期间，拿破仑率领他的军队跨越险峻的阿尔

卑斯山，直攻意大利。在穿越阿尔卑斯山之前，拿破仑曾委派工程师们去探察穿越阿尔卑斯山的圣伯纳山口的路。因此，他问他的工程师们：“我们有可能直接穿越这条路吗？”

“可能。”工程师犹豫地回答道。

“还存在一定的可能性。好的，那么就前进吧。”拿破仑坚定地发出命令，丝毫没有在意工程师们的弦外之音。很显然，穿越这个山口是极其困难的。

当英国人和奥地利人得知拿破仑要跨越阿尔卑斯山时，无不露出轻蔑的笑脸。因为那个山口从来都没有车辆经过，没有通畅的道路，何况拿破仑率领的军队有7万人，还拉着笨重的大炮、炮弹和各种装备，以及大量的战备物资。

然而，拿破仑却率领他的庞大军队浩浩荡荡地穿过了这座“不可能穿越的山脉”。而且在整个过程中，无论途中遇到怎样的困难和险阻，队伍都毫不退缩，一往无前，井然有序地前进着，主帅拿破仑不屈不挠的精神和坚定的意志力鼓舞着队伍中的每一位士兵。

“阿尔卑斯山有何可怕！‘不可能’这个字眼只有在傻子的字典中才能找到。”拿破仑说。

拿破仑的这段经历也告诉我们：要想获得成功，就要立刻停止自我否定，肯定自己的能力，坚定自己的意志，只有这样才能让“不可能”变为“可能”。

90%以上的人都没能取得自己理想中的巨大成功，为什么？因为这90%以上的人都不能坚持肯定自己，意志力也不够坚定。相反，具有坚定意志力的人，在遇到困难和瓶颈时仍然会不断肯定自己，不断为自己增加能量，直到突破瓶颈，达到新的高峰，将挫折化为荣耀，赢得自己的成功。

英国议员福韦尔·伯克斯顿说：“随着年龄的增长，我越来越体会到，人与人之间，强者与弱者之间，大人物与小人物之间，最大的差异就在于意志的力量，即所向无敌的决心。一个目标一旦确立，那么，不在奋斗中死亡，就要在奋斗中成功。具备了这种品质，你就能做成这个世界上可以做的任何事情。否则，不管你具备怎样的能力，不管你身处怎样的环境，不管你拥有怎样的机遇，你都不能使一个两脚动物成为一个真正的人。”

所以，我们在平时应尽量多肯定自己，增强自己战胜困难的信心和决心，这样才能让我们的意志力更加强大起来。

（1）对自己进行积极的肯定

许多人似乎低估了自己想实现的目标成为现实的可能性，即使这目标是他自己制订的。这通常源于早年养成的自我批评的习惯，比如经常对自己说：“我觉得自己根本配不上”“我能力有限，很难成功”等。这一观念常常跟其他与此相矛盾的观念混杂在一起：“我是个非常棒的人”“我有能力满足自己”等。

要想让自己的意志力变得强大起来，首先就要改变这种否定自己的观念，善于进行正确、恰当的自我肯定，塑造积极的自我形象。这也是一个养成好习惯、培养持久意志力的好方法。

- 每天对自己进行口头上的肯定，比如告诉自己“我有很多优点”，“我配得上最好的事，也一定可以做好这些事”，等等。
- 可以将自己身上的优点写下来，写时注意自己是否对所写内容有抵触、疑惑或负面情绪，如果有，就把纸翻过来，在背面写下这些负面情绪及你认为某些肯定陈述不真实、缺乏效果的原因，然后再返回来继续写肯定的陈述。写完后，看一下纸的背面，检查那些负面情绪的起因，并想想前面哪些肯定陈述能帮你克服它们，然后再将这些肯定的陈述写出来。
- 每天坚持对自己进行口头和书面肯定一到两次，持续一段时间后，你会发现，自己的许多正面能量都神奇地展现了出来。

（2）乐观地看待世界

许多人经常抱怨生活的艰难，抱怨命运的不公，看不到生活的目标和希望，自然也就没有信心去实现自己的梦想。

这其实是心态使然。心态不好，看事物的眼光和角度就如同一位悲观主义者，看不到事物积极的一面，而只专注于消极的一面。这样的人也会不断否定自己，难以形成良好的意志力。

相反，乐观是积极的人格特征之一，可以让人具有积极的心态，对生活、工作都充满希望，并能发挥自己的特长，克服困难，为实现梦想而不懈努力。

• 尽量让自己在行动上表现得乐观、自信。比如，说话时保持愉快、轻松的情绪，脸上经常带着微笑，多用正面字眼，等等。

• 经常想一些让自己感到开心的事情，或曾经比较有成就感的经历等，以此唤醒自己的积极情绪。

• 努力发展自己的人际关系，多与性格积极开朗的人交往，从而让自己感受到对方的乐观情绪，自己也变得乐观向上。

（3）借用榜样督促自己

苏霍姆林斯基曾说过：“世界是通过形象进入人的意识的。”而榜样的力量正是在于通过榜样的言论、行为、活动和事迹等，把抽象的力量具体化、人格化，使我们看得见、摸得着、学得了。

榜样可以像一面镜子一样，促使我们经常对照自己，检查自己，从而发现自己的不足，克服缺点，督促自己像榜样那样，保持顽强的意志力。

• 为自己树立一个可以效仿的榜样，这个榜样可以是古人，也可以是今人，可以是名人，也可以是普通人，只要是可以督促你改善自己的人，都可以成为榜样。

• 将自己身边的某些成功人士作为自己的榜样，分析一下他们获得成功的原因，从中吸取他们能够取得成功的正能量。

• 面对榜样，积极进行内心的自我检查、自我分析、自我解剖，用“旁观者”的眼光批判地看待和审视自己，找出自己的缺点，并决心改正缺点，从而督促自己像榜样那样，形成顽强的意志力。

意志力修炼小结

- 意志力是指一个人自觉地确定目标，并能够根据目标来支配、调节自觉的行动，克服种种困难，进而实现目标的力量。
- 意志力是一种决定我们人生胜负的神奇力量。
- 人的意志品质并不是生来就拥有的，而是在后天人与环境的交互作用下逐渐发展而来的。
- 要增强你的意志力，就需要改变不良的习惯，并拥有明确的目标和积极的行动。
- 只有拥有强烈的渴望，并在由这种渴望所获得的强大力量的协助下，你才能变成更好的自己。
- 任何时候都不要轻易否定自己，因为这是瓦解你的意志力的毒药。相反，不论任何时候，你都要给予自己最积极的鼓励。

第二堂课

训练潜意识，获得超强意志力

所谓潜意识，是指人类的心理活动中不能认知或没有认知到的部分，是人们“已经发生但并未达到意识状态的心理活动过程”。简而言之，它是一种藏在我们一般意识之下的一股神秘力量，是相对于意识的另外一种思想。潜意识能够透过自我暗示发挥出无穷的力量。如果我们可以充分利用潜意识的魔力，就能调动我们身体的整个思想、意志力、精神、体力参与努力，发挥出意想不到的效果。

1. 潜意识的神奇力量

在生活当中，我们常常会有这样的经历：第二天需要早起赶飞机，睡觉前你将闹钟调到次日早6时起床，但第二天通常未到6时，5点半你就已经自己醒了。

我们还常常听说：某处发生火灾，某人在逃命时，可以跨越好几米宽的悬崖，而这是平时根本不可能跨越的宽度。

1906年4月18日，美国旧金山发生地震和火灾。在危难关头，许多在床上瘫痪数年的病人和残疾人居然从床上站起来，在医护人员的帮助下成功逃脱灾难。

这些生活中的奇异现象到底是怎样发生的？其实所有的疑问都指向一个答案，那就是：潜意识。

潜意识是什么？所谓潜意识，也就是人类的心理活动中不能认知或没有认知到的部分，是人们“已经发生但并未达到意识状态的心理活动过程”。简而言之，它是一种藏在我们一般意识之下的一股神秘力量，是相对于意识的另外一种思想。

潜意识是由意识所决定的，而潜意识又会反作用于意识。我们的意识是从大脑皮层将信息传送到潜意识中去的，一旦潜意识接收了这种信息，就会马上开始实施这种指令，唤起身体内潜藏的能量，帮助我们战胜困难，摆脱困境。

不过，潜意识并不能辨别好与坏。如果你向负面去引导它，它也会带来失败和痛苦；只有引导它向正面发挥，它才能带来成功、健康等。这就是为什么有的人永远摆脱不了失败和恐惧，而有的人却能始终满怀信心，充满正能量。

心理学家发现，潜意识的能量之强超乎我们的想象。许多专家也认为，大多数人大概只发挥了自己10％的潜意识，有些人甚至根本都用不到自己3％的潜意识。所以，我们在激励一个人时常常会说：要运用你的潜意识来激发自己的潜能。

一个人的潜能究竟有多大？研究发现：一个普通人一生所发挥的能力通常只占他全部能力的4%。即使像爱因斯坦这样伟大的天才，其潜能的发挥也还不到10%。可见，潜能就是沉睡于我们心中的巨人，我们每个人所具备的潜能都是无比巨大的。

潜意识通过自我暗示所能发挥出来的无穷力量，是惊人且不可思议的。这个世界上的许多所谓的奇迹或灵感，都是通过自我暗示的方式产生的。可以说，人类是世界的主宰者，那是因为人类可以支配自己的命运和生活环境，究其原因还在于人类拥有能够改变及支配自己潜意识的能力。如果我们可以充分利用潜意识的神奇力量，就可以调动我们身体的整个思想、精神、体力、意志等参与努力，发挥出意想不到的效果。许多伟大的科学家、歌唱家、发明家、作家等，都深刻地了解自我暗示对发挥潜意识的作用。

有一次，著名歌剧男高音卡鲁索在演出前忽然怯场。他的喉咙也因为害怕而痉挛，根本无法再演唱了。

此时，大滴的汗水从卡鲁索脸上滴落下来，他感到很恐惧，因为还有几分钟就该他出场演唱了。他浑身发抖地对自己说：“他们肯定要嘲笑我了，我根本无法再唱了。”

随后，他来到后台，对着那里的人沮丧地说道：“完了，小我要把大我掐死了！”大家都惊讶地看着他，根本不知道他在嘟囔什么。

忽然，卡鲁索坐在椅子上，闭上眼睛，努力让自己平静下来，暗暗对自己说：“我的歌声优美动听，我的仪态自信优雅，我的心智冷静机智。”

如此这般反复几次后，这种自我暗示后的潜意识回应了卡鲁索，卡鲁索感觉自己的情绪渐渐安稳下来，浑身充满了积极的力量，不知不觉也变得沉着而自信起来。

随后，卡鲁索镇静地走上舞台。结果，他唱得好极了，全场为之轰动。

卡鲁索最后之所以能够成功完成演出，就在于他在潜意识中给予了自己积极、有力的自我暗示，从而凭借这种潜意识所激发起来的意志力，战胜了自己内心的恐惧。

由此可见，我们要想成功地做好某件事，首先就要在潜意识中给予自己积极的暗示和鼓励，增强意志力，从而从内心深处产生一种能够控制自己的行为、同挫折对抗到底的力量。这种意志力是我们思想中的一种动态的力量，也是一种与实现我们的目标息息相关的力量。

（1）善于进行自我暗示

前面我们提到了，通过自我暗示可以让潜意识释放出超强的能量。所以，如果我们想成功地完成某件事，就必须经常进行积极、正面的自我暗示。简单地说，自我暗示就是通过心理学的技巧，让我们能够从自己内部去挖掘潜能，使我们拥有成为成功者的心理条件。通过自我暗示，我们会变得更加信任自己，从而充满积极向上的力量，提升克服困难、完成目标的意志力。

• 当感到紧张、恐惧、缺乏自信时，做几次深呼吸，慢慢地吸气，再慢慢呼出。每次呼出时，就在心里默念“放松”。如此循环几次，就让自己的情绪平静下来。

• 在心中暗暗告诉自己：“运用我潜意识的力量，我可以达成一切目标。”注意：不要使用任何模糊、否定的字眼，如“我可能不会失败”“我大概能完成”等，而应改为“我会成功”“我完全能够完成”等肯定的字眼。

• 视觉化对潜意识的暗示力量远胜于其他的暗示方式，因此，凡是重要的信念或目标都应尽量做到视觉化，把它们一条条地写下来贴在自己经常能看到的地方。经常看到这些暗示内容，就好像看到了自己光明的未来。

（2）提升潜意识的记忆功能

潜意识具有储存记忆的功能，它就像一个巨大无比的仓库或银行，可以储存人生中所有的认知和思想感情。我们从出生到死去的所见、所闻、所感、所想等一切意识到的东西，都会进入潜意识并储存起来。一些我们熟悉的事物，如生活环境中的习惯、观念、他人的某些思维方式和行为特点等，都会不知不觉地进入我们的潜意识，并储存起来。所以，要想让潜意识发挥正向的神奇作用，我们就要有意识地向潜意识的仓库中输送更多正面的、积极的东西。

• 让自己不断接触、学习各种新知识，为潜意识输入更多的内容。这些知识包括你所学习的专业知识、各种成功的方法、创业的思维等，它们以增强潜意识储存各种正面、积极信息的能力。

• 为了让潜意识的存储功能更高、更有效，你可以采取一些辅助手段。比如：重复学习一些重要的资料，加深记忆，增强记忆功能；建立看得见的信息资料库，分类保存各种图书、剪报、日记等，以便刺激潜意识，为我们的创造性思维开发出更多的潜能。

2. 驾驭潜意识，修炼意志力

很多人为增强自信心，加强行动力，克服意志力差及拖延等不良习惯，运用了各种各样的方法，但往往得不到良好的效果。

之所以这样，是因为他们不知道，真正持久有效的改变必须通过潜意识来进行。很多人难以改变，就是因为他们的潜意识抗拒改变，而自己又难以驾驭潜意识，结果自然不够理想。

在心理学上，意识被称为客观心理，指通过感官认知客观事物的过程，其主要功能就是推理和判断。而潜意识则被称为主观心理，它在认识环境时不靠感官，而靠直觉。当感官停止活动时，就是潜意识的功能最为活跃的时候。比如，我们在睡觉时会做梦，而清醒时就不会。

潜意识不会对其接收的信息进行推理和判断，接收任何一个想法，它都会执行。因此，潜意识既会执行好的想法，也会执行坏的想法。如果你每天思考的都是好事，那么好事就会幸运地找到你；相反，如果你每天想的都是坏事，那么坏事也会如约前来找你的麻烦。这就是潜意识的工作方式。

潜意识大师摩菲博士曾说过："我们要不断地用充满希望与期待的话来与潜意识交谈，于是潜意识就会让你的生活状况变得更明朗，让你的希望和期待实现。"在我们身边也经常能看到一些具有"特别才能"的人，即使在忙乱之中，他们也仍然能够优雅从容地完成看起来异常复杂的工作，令人惊叹不已。

这种看似不可思议的非凡能力中，其实就隐含着我们心灵的另一个层面——潜意识。事实上，人们都曾不自觉地透过潜意识来处理许多复杂的问题。但智能高的人与普通人的区别就在于：他们可以驾驭自己的潜意识，让潜意识释放出强大的能量，从而提升意志力，帮助自己克服困难。

既然潜意识对所接收的任何信息都会采取执行态度，那么要驾驭潜意识，最好的方法就是给予它积极的暗示，让它接收更多积极的、正向的信息。当然，我们不能指望身边能有人时刻给自己这种积极的暗示，就像我们不可能指望老板每天都夸赞我们，或指望老师总是表扬我们一样。所以，我们要学会让自己成为这种积极暗示的提供者。比如，经常告诉自己"我很棒！""我感觉非常好！”，等等。这类简单的话若能成为我们的口头禅，我们也一定会受益匪浅。

世界拳王霍利菲尔德在每次比赛前、训练后，或者接受记者提问时，总是不忘说上这样一句话——“我是最棒的！”这就是一种积极的自我暗示。尽管很多时候我们在暗示自己时心里可能并没有十足的把握，但这无关紧要，重要的是因为反复运用这种暗示，我们的潜意识里就会接受这种观念，事情也会朝着我们希望的方向发展。

《潜意识的力量》一书的作者约瑟夫·墨菲，早年因为曾接触过有毒的化学物质而患上了皮肤癌，服用了很多药物，也接受了很多种治疗，但效果很差，病情也越来越严重。

后来，约瑟夫开始尝试放松心情，希望能通过祈祷和积极暗示的方法来调节自己的心情，摆脱疾病带给他的糟糕情绪。于是，他不断对自己进行健康、快乐的强烈暗示，结果奇迹发生了。几个月后，他的皮肤癌竟然出现了好转的迹象。

人的行为在很大程度上都是由他的意志力决定的，而意志力又取决于人的潜意识，因为归根到底都是人在做选择。所以，这就产生了有关意志力的一对矛盾：意志力具有引导自我的强大力量，但又必须由人的潜意识来决定如何发挥出这种潜能，以及凭借这一力量实现什么样的目标。

然而，这两方面又是统一的。一个人想要修炼意志力，获得强大的意志品质，就要学会驾驭自己的潜意识，在潜意识中给予自己积极的暗示，以便能让自身释放出强大的能量，进行达到自己的预定目标；与此同时，强大的意志力又会引发人们的积极性和超能力，从而给予自己更加有力的鼓励，让自己的能力变得更加强大。

所以，如果你想拥有强大的意志力，首先还是要在潜意识中给予自己积极的引导和鼓励。只有这种正向信息发挥作用后，我们的身体才能具备这种神奇的力量，从而克服困难，使我们一步步走向成功。

（1）通过放松练习影响潜意识

潜意识往往是非不分，对积极的、消极的暗示照单全收。所以，当我们面对逆境时，可以通过放松练习来影响潜意识，并利用其中的积极因素不断为其注入正面的信息资源，使正面思维占据主导地位，从而使这些正面思维成为支配我们行为的直觉习惯和意志力量。

- 当心情不佳或面对失败时，学会对自己说声“不要紧”。如果你常常容易因琐事而产生挫败感，建议将“不要紧”三个字写在一张纸条上，贴在你经常能看到的地方，随时提醒自己放松紧绷的情绪。

- 找一个安静的空间，采取舒适放松的坐姿或卧姿，做深呼吸，慢慢吸气，心里默默数到5，再慢慢呼气，也默数到5，连续做3次，然后尝试回忆曾经经历过的放松体验。

- 运用自我放松的暗示语，如：“我的呼吸很慢、很深，我感到很安静、很放松。”通过这样的心理暗示，你会感到从未有过的轻松与活力。

（2）用积极的行动控制潜意识

潜意识虽然是一种抽象思维，但要有效地控制它也不是一件难事。只要我们在日常生活和工作中能够做到以下几点，便能拥有一个正面、积极的情绪。

- 正确地给予自己评价，知道自己的优点和不足。即使有缺点也不要抱怨和自卑，而是坦然接受，并积极改正和提升。

- 善于发现自身情绪及行为的变化，一旦发现有不良情绪出现，就进行有意识的、积极的心理暗示，提醒自己应乐观面对困难，追求快乐和自信。

- 多与性格开朗乐观的人交往，并从对方身上吸取更多的正能量，这样做不仅能营造良好的人际关系，还有助于培养自己的乐观心态。

- 参加一些自己感兴趣的活动，如体育运动、画画、旅游等，调节神经系统，排除体内的致郁废物，转移长期专注在工作上的注意力，宣泄心中的负面情绪，从而给自己带来一份愉悦的心情。

3. 努力释放潜意识中的正能量

每个人都拥有两种类型的能量：一种是身体的能量，另一种是心理和精神的能量。而后者显得更加重要，因为通过潜意识，它可以让你在需要它的时候释放出强大的正能量。一旦你意识到这种能量的存在并开始运用它，你就会发现自己的整个生活都发生了改变，变成你所喜欢的样子。

然而，生活中很多人都没能意识到这种强大能量的存在，以至于让这股强大的正能量被白白搁置，毫无用武之地。

几年前，一位贫穷的印第安老人在俄克拉荷马州发现了石油。发现石油后，老人也一下子变成了一个有钱人。于是，他就花很多钱买下了一辆漂亮豪华的旅行车。

每天出门前，老人都会戴上自己那顶昂贵的林肯式礼帽，嘴里叼着一支黑色大雪茄，慢悠悠地登上他的豪华旅行车，然后开车到附近的城镇转悠。老人很友善，当他开车经过城镇时，总是一会儿把车开到左边，一会儿又把车开到右边，跟他所遇到的每个人说话聊天。可有趣的是，他从未撞过人，也从未伤害过人。理由很简单，在他的那辆美丽豪华的大汽车前方，有两匹马拉着。

是这辆汽车有毛病吗？当然不是。原因是这位老印第安人永远学不会插入钥匙去开动他那辆汽车的引擎。

世界上的大多数人都与老人的那辆汽车一样，没能真正发掘出自身的潜能。研究发现，我们所使用的能量与我们所拥有的能量相比，比值大约为2%~5%。可能很多人认为，一个人一生中最大的悲剧，是临死前才得知他的土地上刚刚发现了金矿或油井。但事实上，一个人永远无法发现潜藏在他自己体内的那笔丰富的能量财富，才是最遗憾的事情。只有当我们学会激发潜意识，释放出身体内所隐藏的无限能量时，我们才变得真正有价值。

潜意识在我们的生命活动中具有不可替代的重要作用。心理学家通过对潜意识的研究，也发掘出许多让人意想不到的潜能，比如在艺术、音乐、文学方面的天赋，或其他才能等。历史上许多著名的科学家、艺术家、音乐家等，都深刻地了解潜意识所释放出来的巨大能量。例如：通过潜意识，莎士比亚从一个普通学生那里领悟到了伟大的真理，并将其表现在自己的作品当中；通过潜意识，菲迪亚斯塑造了不朽的大理石像和青铜像；通过潜意识，拉斐尔创作了庄严的圣母像；通过潜意识，贝多芬谱写了优美的交响乐……

潜意识具有人类遗传基因层次的信息，囊括了人类生存最重要的本能与自主神经系统的功能与宇宙法则，即人类过去所得到的所有最好的生存情报，都蕴藏在潜意识当中。因此，只要懂得开发这股与生俱来的能力，就几乎没有实现不了的目标。

美国知名学者奥图博士说：“人的大脑就好像是一个沉睡的巨人，我们均只用了不到1%的脑力。一个正常的大脑记忆容量有大约6亿本书的知识总量，相当于一部大型计算机储存量的120万倍。如果人类发挥出其一小半潜能，就可以轻易地学会40种语言，记忆整套百科全书，获得12个博士学位。”

可见，潜意识聚集了人类数百万年来所积累的大量知识，充分开发之后必将产生不可估量的作用。所以我们现在要做的，就是激发出潜意识当中的正能量，让其最大限度地释放出来，为我们所用。

（1）用积极的心理暗示激发正能量

所有的暗示和自行实施的刺激，通过五官而到达大脑，都可称为“自我暗示”。换种说法，自我暗示就是对自己的暗示。它是一种沟通的媒介，介于产生意念的意识部分与产生行动的潜意识部分之间，是意识与潜意识之间进行沟通的桥梁。

积极的心理暗示，可以使意识中最具力量的意念转化为潜意识的一部分。也就是说，我们通过有意识的自我暗示，可以将有益于自信、成功的正能量思想和感觉播撒于潜意识的土壤，使其在成功过程中减少因自卑、拖拉、疏忽大意等导致的失败后果。

• 默默地在心里给自己加油可起到积极的作用，但最好能大声地告诉自己："我能行！"甚至你可以站在镜子前，看着自己的眼睛，真诚地表述自己的愿望，鼓励自己。这样做完之后，你会发现自己的心情变得更加积极乐观，思维和行动的效率也会有所提高。

• 找一个安静、舒适的环境，让自己彻底放松，并将自己希望达到的目标在脑海中进行清晰的预演。比如，想象自己进入一家理想的公司，想象自己在这家公司里尽情地发挥自己的长处，获得出色的成就等。经过这样的想象后，我们的大脑中就会留下一个积极的记忆印痕。这样当我们遇到真实的情境后，记忆就会被激活，从而指引我们的思维和行动。

• 如果希望你暗示自己的话有力量，那么它必须是切合实际能够达到的。你大可以满怀激情地告诉自己"我今年要赚到100万元"，但如果实际情况是你最多只能赚到30万元，那么这种暗示就会与你的内心发生矛盾和对抗，失去它本来的意义。

• 养成良好的行为习惯，比如：走路时挺胸抬头；每天保持干净整洁的仪表；工作时整理好物品，让自己感觉有条理；说话时清晰大方，让自己感觉自信沉稳……这些行为习惯都会不知不觉地向我们的潜意识传递正向信息，从而激发出更多的正能量。

（2）让自己时刻保持热忱

在人生中，做得最多和最好的那些人，也就是那些成功人士，必定都具有极大的热忱。如果两个人具有完全相同的才能，必定是最具热忱的那个会取得更大的成就。热忱既是一种自发力量，也是一种帮助你集中全力去投身于某件事的潜力能源。

• 经常进行自我鼓励，比如给自己来一段精神讲话，鼓励自己时刻保持信心，战胜困难。虽然对自己来一段精神讲话并不普遍，但却是极为有效的。

• 敢于向自己挑战，每次做一件事时，都要竭尽所能地做到比你自己上一次的表现更好、更快。

• 让你的行动热烈起来。比如，在与人握手时，一定要紧紧握住对方的手，热情地说“很荣幸认识您”或“很高兴再见到您”。畏畏缩缩、毫无精神的握手方式只会给人一种死气沉沉的感觉。

• 经常反省自己，看看自己最近是否有一些不良情绪产生。一旦发现，要努力改变这种状况，让自己重新保持“必胜”的热忱和心态。

4. 从“要我这样”到“我要这样”

一般来说，人们的思考都是源于某种心理力量的支持。如果一个人的内心总是充满懒惰，即使他有什么奋斗目标，这种目标对他来说也只会是一个漂浮的肥皂泡，甚至连肥皂泡都算不上，根本不可能实现。因为他丝毫没有能量去思考达到这个目标的详细步骤，更不会克服困难去主动实施。

我们身边也有很多这样的人，甚至包括我们自己，在学校里拖拖拉拉度过好几年，或者在外打拼多年，最终却发现自己的激情越来越少，目标也越来越模糊，即使看到别人获得成功也毫无感觉。几年前还那么艳羡那些成功人士，似乎自己还有个效仿的榜样，还有自己的理想和抱负，但现在好像什么感觉都没有了。每天虽然也在学习，也在工作，但毫无激情和欲望。老师让我这样做，我就这样做；领导让我那样做，我就那样做：从来不再想“我要怎样做”。

这种缺乏激情、缺乏主动意识的状态，也是意志力差的具体表现。一个对生活和工作充满热情的人，通常都能很好地发掘自己的潜力，控制自己的注意力、情绪和行为，也能很好地应对压力，解决冲突，战胜逆境，并获得良好的意志力，事业也更容易成功。相反，如果你始终不愿意站出来，那么也就无法发掘自己内在的潜力，最终也只能半途而废，最终一事无成。

有一位中年女士，一天在家里休息时忽然得了中风，不能说话，不能走路，更不能再像往常那样继续工作。丈夫急忙将她送到医院。经过检查，医生发现她的腿部莫名其妙地产生了一些血凝块，并且这些血凝块转移到了她的脑部，随后又回嵌到她的喉咙，这也是她不能说话的原因。

幸运的是，这种中风并不需要什么手术，只需服药慢慢溶解血凝块即可。回到家后，她惊恐地发现自己说话、吃饭、走路的能力都完全改变了。丈夫安慰她说："别怕，有我照顾你，你应该学会接受现在的自己。"但是，她却不愿意接受自己这个样子，坚持要通过自己的努力恢复健康。

对康复的渴望推动着她去进行理疗训练，在理疗师的帮助下，她努力学习翻书、写字、拿东西、穿鞋袜等。虽然经历一次次失败，沮丧和郁闷困扰着她，但她从未想过放弃训练。

半年后，这位女士完全康复了，她又可以继续工作，继续参加各种运动，甚至根本没有人会相信她曾经得过中风。

我们可能也会遇到类似的情况：当做某件事遇到困难时，身边的人常会劝慰我们说："你已经尽力了，就不要再勉强自己了。"或者："别再想这件事了，还是好好休息吧。"

这些人虽然都是为我们好，可事实上却并没有帮到我们。相反，他们还会给我们带来一定的心理负担："人们都希望或要求我这样去做。"结果，在别人的期许下，我们失去了对自己行为和意识的控制能力，也丧失了本该激发出来的潜能。

其实，我们应该坚持自己的想法，不能因为别人都"要我这样"，就放弃本该坚持的目标；我们应成为自己思想的主人，弄清楚到底"我要怎样"。

只有坚持按照自己的想法做事，我们才能更加坚定信心，完美地完成一件事，实现一个目标。

（1）坚定自己的想法

在决定做一件事或完成一个目标时，即便遇到了困难，遭遇了暂时的失败，获得了他人的安慰和劝解，也要努力坚定我们自己的想法，控制我们的潜意识。如果我们坚持将“我要实现目标”这个观念长久地灌输到潜意识当中，那么，我们就会摆脱“别人都要我放弃这个目标”的观念，从而自动地决定我们的行动，最大限度地发挥潜意识思维的积极作用。

• 告诉自己“我能行！”或者“虽然大家都在极力安慰我，但我完全可以转败为胜”“不要放弃”……当这些积极的语言暗示发挥作用时，你的身心会再次充满力量，对实现自己的目标也会再次充满信心。

• 找出失败的原因，把它们一一写出来，分析一下哪些问题是可以再努力一下就解决的。弄清这些问题后，你就会强烈地感觉到积极的情绪正向你走来，你也会更加积极主动地继续进行自己的工作。

• 与那些试图说服你的人沟通一下，将你的想法告诉他们。只有真正说服他们，他们才不会继续扮演你行动中的“指挥官”，而你也才能更加毫无负担地去完成你的目标。

（2）再次明确自己的目标

每个人都需要确立一个明确的生活目标，有了这个目标，我们的生活才有希望、有激情。而当这个目标实现后，我们的心里也会产生极大的满足感和成就感，同时我们也会有一定的经济收获。

但是，并不是每个目标都能够变成现实，有些目标的确超过了我们的能力。在这种情况下，即使你从别人“要我这样”发展到了“我要这样”，最终也可能会失败。此时，我们就需要重新明确自己的目标。

• 积极思考，审视自己目标的可行性，然后重新明确目标。这个目标可以不够大、不够远，但一定要明确、具体。

• 制订完整的实施计划，并立刻付诸行动。

• 摈弃一切否定的、沮丧的、影响积极情绪的因素，如同事、朋友、亲人的消极反应等，坚持自己的追求。

• 与鼓励你实现这一目标的人结成同盟，互相激励，从而增强坚持实现目标的意志力。

（3）挖掘“我要这样”的力量

在完成目标的过程中，当你发现自己出现松懈、消极的状态或情绪时，要立即挖掘出自己潜意识中的“我要这样”的力量，让自己快速恢复能量。

• 问问自己：如果这一次坚持下来，我将会收获到什么？我是否会因此而更健康、更幸福或更成功？

• 给自己打气加油，告诉自己：如果能够克服现在这个困难，那么一段时间后，这个困难就会变得容易，我的生活也会变得比现在更好。

• 当发现某一目标正是你最想要为之奋斗的目标时，就以这个目标来激励自己。因为它是在你脆弱时给予你动力的东西。每当你面对挫折、想要放弃时，就想一想这个目标，让自己重新获得力量。

5. 时刻坚信自己拥有潜能

每个人都有巨大的潜能。一些成功人士之所以成功，往往是因为他们具有一个共同点，就是能够不断开发自己的大脑潜能。相反，许多没有成功的人也绝不是没有潜能，而是他们不相信自己有潜能，经受一两次失败就怀疑没有那个能力，并且不断强化“自己笨”的意念。久而久之，这种意念就会不断输入自己的潜意识，潜意识中的那些正能量也会变得越来越弱。一旦要做事时，潜意识中的“我很笨”“我不行”的念头就会冒出来，根本不给那些潜在的能量出头露面的机会。结果，潜能就这样被埋没了。

要开发自己大脑的潜能，获得超强的意志力，首先就要坚信自己拥有潜能。我们每个人的大脑皮层舒展开后，大约都在2 500平方厘米，每个人都有100亿~140亿个脑细胞。如果每个脑细胞工作1秒钟就会死亡，那么一个人一生当中就只有28 800万秒的工作时间。即使你夜以继日地工作，也不过只有10亿秒。所以，许多生理解剖学家和心理学家都认为，就算是最出色的科学家，也只不过用了大脑资源的10%而已。而我们这些普通人，浪费的大脑潜能就更多了。

倘若我们能够让我们的大脑达到其一半的工作能力，那我们就能轻而易举地学会40种语言，也能将一本大百科全书背得滚瓜烂熟，甚至可以学完数十所大学的课程。这种对人类潜能的推断现在也已为人们所接受。

最新研究表明，人具有19种潜能。但是，人的潜能与地下的煤矿、油矿一样，如果你自己不相信地下有矿藏，只着眼于砍伐地表的柴草，当然会感觉资源贫瘠，柴草越砍越少。相反，如果坚信自己大脑深处潜藏着巨大的资源，并且努力开采，那么你就会觉得“真是不尽潜能滚滚来呀”。

蜚声世界影坛的意大利著名电影明星索菲亚·罗兰，16岁时来到罗马追求自己的电影梦想。然而，她第一次试镜就失败了，所有的摄影师都认为她达不到美人的标准，抱怨她的鼻子和臀部不够完美。

没办法，导演只好将她叫到办公室，告诉她，她缺乏演员的天赋，除非她愿意把臀部削减一点儿，把鼻子缩短一点儿。

可是，索菲亚·罗兰却非常坚定地拒绝了导演的要求。她说：“我知道我的外形跟那些已经成名的女演员颇有不同，她们都相貌出众，五官端正，而我不是这样。我的脸上有很多毛病，但是，这些毛病加在一起反而更有魅力。所以，我喜欢我的鼻子和脸本来的样子，它们让我的脸与众不同，更能博得观众的注意力。我不需要与别人长得一样，我要保持我的本色。”

由于罗兰的坚持，使得导演重新审视，并真正认识到了索菲亚·罗兰的潜力。而罗兰也在电影中充分地展示了自己与众不同的美，获得了观众的喜爱。

成功学的创始人拿破仑·希尔曾说：“自信，是人类运用和驾驭宇宙无穷大智的唯一管道，是所有‘奇迹’的根基，是所有科学法则无法分析的玄妙神迹的发源地。”奥里森·马登也曾说过这样一段耐人寻味的话：“如果我们分析一下那些卓越人物的人格物质，就会看到他们有一个共同的特点：在开始做事前，他们总是充分相信自己的能力，排除一切艰难险阻，直到胜利！”

自信的确在很大程度上促进了一个人的成功，从不少人的创业史上我们都可见一斑。自信可以从困境中把人解救出来，可以使人在黑暗中看到成功的光芒，可以赋予人奋斗的动力。或许可以这么说：“拥有自信，相信自己拥有潜能，也就拥有了成功的一半。”

在长跑项目上，多年来一直都没有人超越4分钟/英里这一极限，尽管很多人都曾尝试去突破它。直到罗杰·班尼斯特成功打破这一神奇的纪录之后，突然间很多运动员也都超越了这个极限。这是因为，罗杰使他们相信超越那个极限并非神话，而是真实可行的。正是在这种信心的驱动下，他们才在失败中不断看到希望，敢于对自己提出更高的要求，并为之努力，最终获得成功。

（1）提高自己的自信心

英国诗人德莱顿说：“信心可以让一个人得以征服他相信可以征服的任何东西。”所以，任何时候我们都要相信自己拥有潜能。这是一种积极的心态，而这种心态也决定了一个人的命运。

如果你感到对自己缺乏自信，可以通过下面几种方法来提高信心。

- 像一个成功者一样，每天鼓励自己，告诉自己“我行”“我正期待着”“这次干得真漂亮”“这次情况好多了”之类的话。当你感到自己越来越有信心时，你的潜能也会不知不觉地被开发出来。
- 避免使用消极、否定的词语，拒绝自我抱怨和否定，以肯定的语气和话语进行自我评价，这将会在潜移默化中改变你的消极心理，一点点赋予你积极思考的习惯。

（2）渴望有多强，成就就有多大

当一个人有了强烈的渴望去做某件事或完成某个任务，或要克服生活中的困难时，他立刻就会感觉全身充满能量，把“我不行”的卑微感彻底抛开，把平时的“不可能”变成可能，然后运用自己身体内激发出来的潜能量，昂首阔步地走向成功。

• 在心中确立一个自己真正企求实现的目标，而且这个目标一定要具体明确。比如要赚很多钱，仅仅说“我要赚很多钱”是不行的，一定要明确一个具体的数目。

• 为了达到你所企求的目标，你打算付出哪些努力和代价，因为“不劳而获”的事情是没有的。

• 拟订一个实现你企求的目标的明确计划，并且不论你是否已经有所准备，都要马上开始将计划付诸行动。

• 将你的具体目标、达到目标的期限、为达到目标所要付出的代价，以及实现目标的行动计划等，都简明扼要地写下来，同时还要写一份督促自己的类似誓言的声明。

• 每天起床后和晚上睡觉前都将这份声明大声地朗读一遍。在读这份声明时，你要想象、感觉自己已经拥有了能量。

6. 用意念克服内心的忧虑

研究发现，人们之所以会产生各种愉快和不愉快的感觉，其实都是因为人脑对直接作用于感觉器官的客观事物产生了不同的情绪反应。这些情绪反应包括兴奋、愉快、惊奇、忧虑、恐惧、厌恶、愤怒、轻蔑、羞愧九类。这九类基本情绪构成当中，只有前两类是积极的，后面六类都是消极的。由于负面情绪占据了绝对多数，所以人们也会不知不觉地陷入到一些不良情绪状态之中。

在后面的六类消极情绪当中，忧虑又是一种比较明显的负面情绪。它是一种过度忧愁和伤感的内心体验。正常人有时也会出现忧虑情绪，但如果你总是毫无理由地感到忧虑，或虽有原因，却不能控制自己而显得心事重重、愁眉苦脸，始终无法排解，那就属于心理性忧虑了。

在情感体验上，忧虑的情绪会表现出强烈而持久的悲伤，感觉心情沉闷、压抑，并伴随着焦虑、烦躁、易怒等情感反应。在认识上，忧虑还会表现出负面的自我评价，不断否定自己，感到生活毫无意义，对未来悲观失望，甚至会因此而拒绝与他人交往，内心感到异常自卑，严重者甚至会产生自杀的想法。

事实上，这种内心的忧虑情绪并非不可战胜。战胜它最有效的方法，就是运用我们的意念。

所谓意念，就是有意识地确立目的，调节支配行为，通过克服困难和挫折来实现目的的过程。意念的力量到底有多大？这是一个无法估量的结果。或许从拿破仑的“孙子”亨利的故事中，我们可以领略一点。

亨利是个身世不详的美国青年，三十多岁还一事无成，整天只会坐在家里唉声叹气。有一天，他的一位好友跑来告诉他说：“亨利，我在一本杂志上看到一篇文章，讲的是拿破仑有一个私生子流落到美国，而他这个儿子的特征几乎和你一样：矮矮的个子，讲一口带有法国口音的英语……”

亨利半信半疑，但他最终还是相信这就是个事实。当他看到杂志上这篇文章后，他更加相信自己的父亲就是拿破仑流落到美国的私生子，而自己就是拿破仑的孙子。之后，他对自己的看法完全改变了。以前，他感觉自己个子矮小，很自卑；而现在他欣赏自己的正是这一点：“个子矮怎么了？当年我的祖父就是以这个形象指挥千军万马的！”过去，他总觉得自己的英语不够标准；现在，他以讲一口带有法国口音的英语而自豪。每当遇到困难时，亨利也总是这样告诉自己：“在拿破仑的字典里没有‘困难’这个字！”

就这样，凭着自己是拿破仑后人的意念，亨利克服众多困难。仅仅用了三年时间，他就成了一家大公司的总裁。

后来，亨利特意派人调查自己的身世，结果却得到了相反的结论。但他并不在意，他说：“现在，我是不是拿破仑的后人已经不重要了。重要的是：当我相信时，它就会发生！”

有很多奇迹每天都在我们身边发生：经济上的奇迹，身体康复的奇迹，心灵康复的奇迹，感情修复的奇迹……在那些看似让人无法接受、无法挽救的失败中，重新焕发出生机。而这一切的发生，往往是因为当事者心中有一个意念在支撑着。心理学家认为，人的行为都是受意念支配的。你想要做出什么样的成绩，想要获得什么样的结果，关键就在于你的意念。所以，要克服内心的忧虑，意念完全可以帮我们做到。

（1）唤醒你的潜意识

心理学上认为，潜意识可以左右我们的意念。而潜意识又会将它所接受的任何东西都当成事实，并按照它们的逻辑表现出来。所以，如果你希望潜意识可以发挥出你想要的功效，最简单的方法就是向它传递积极、乐观、健康的信息。只有当你把内心的关注点集中起来的时候，潜意识才能够为你服务，帮你克服内心的忧虑、不安等情绪。

• 用积极的方式与自己说，比如对自己说“我是最好的”“我一定会有很棒的表现”“我充满激情”“我的担心是多余的”等，并要不断重复这些话，反复地输入这些信息。

• 不要抱怨，只寻找解决眼前问题的办法。少一分时间的抱怨，就多一分时间的进步。不要总说“为什么总是我……”，而是用另一种思维来代替：

“现在我要怎么做才会更好？”

• 在心中想象出一个比自己更优秀的“自我”形象，这些直观的意象和画面刺激对于唤醒潜意识十分有效。

（2）进行意念冥想

冥想是一种改变意念的形式。它通过获得深度的宁静状态，把一些负面的念头、思虑去掉，并找到积极的感知，从而增强自我知识和良好状态，克服内心的不安、忧虑等负面情绪。

冥想也是一种放松及集中精神的过程，目的是改进自己，促进身心健康，从而让积极的意念“输入”潜意识，对我们的活动产生正面影响。

• 在一个安静的环境中，选择一个舒适的卧姿或坐姿，闭上眼睛，将脑海中的忧虑、不平、烦恼等感受想象成一个个气泡，用鼻子深长地吸气，然后用嘴轻轻地呼气，想象那些带着烦恼的气泡随着你的呼吸消失在空气中。

• 将注意力集中在呼吸上，体会空气从鼻孔进来又出去。每次吸气都想象有新的空气和能量从鼻孔进入身体和大脑，然后再深深呼气，将身体内的负能量随着呼气的动作排出体外。

• 建议每天安静地花15~20分钟的时间进行冥想。可以用10~15分钟的时间进行冥想，让身心彻底放松，再用剩下的时间进行自我确认：我是谁？我要成为什么样的人？我要获得什么样的情绪？通过这种自我对话，确保自己拥有乐观积极的态度。同样也应该注意，不要让忧虑、恐惧等负面情绪再次占领你的大脑。

7. 敢于改变自己的人才能胜出

著名文学家托尔斯泰说过：“大多数人想要改造这个世界，却罕有人想改造自己。”因为人本来就是一种习惯性的动物，无论我们是否愿意，习惯总是无孔不入，渗透在我们生活的方方面面。可能其中的一些好的心态和习惯会给我们带来正面的影响，但更多的却是不良心态和习惯对我们成功的阻碍。

也许你也曾不止一次地反思：“我知道这些负面情绪和恶习正在消磨我的意志。它们让我的注意力不能集中，经常三心二意；我不能控制自己的意志，做事常常半途而废；我思路混乱，办事效率低下……如果没有这些缺点和恶习的阻碍，我想我可以做得更好，甚至早就是一位成功人士了。”

而事实上，如果你只是这样简单地罗列这些坏习惯，是根本不能克服它们的。要想搬开这些阻碍你前进脚步的“绊脚石”，获得强大的意志力，达到你所期望的目标，首先要学会的就是改变自己。

“世界第一销售教练”汤姆·霍普金斯就是个非常善于改变自己的人。刚进入社会时，为了谋生，他在建筑工地上打工，每天扛钢筋让他浑身酸痛。为了改变这种生活状态，他开始寻找更好的赚钱方式。在那段时间里，汤姆开始接触各种成功学以及名人的书籍，这对他后来帮助很大。

为了改变自己的生活，汤姆开始从事房产销售工作。最开始，他的业绩可以用惨不忍睹来形容，半年只赚了几百美元。但这并没有让他放弃销售事业，他参加了金克拉的培训课程，并大受启发。他凭借自己的意志力，开始练习改变自己的习惯，比如，他要求自己每天5点钟起床，准备工作；吃早餐时看报纸、看书；每天打100个电话；记住客户的名字和爱好；认真倾听每一位客户；保持微笑，展现真诚；每天工作结束写销售记录；从不迟到和违约……最终，他在短短几年的时间里成为销售界最成功的销售员。

人与人之间原本就只有很小的差异，但这种很小的差异却能造成实际生活中巨大的落差。究其原因，就在于有的人在遭遇困境时敢于改变自己，有的人却只抱怨周围的客观环境。

在《圣经》中有这样一个故事：一名虔诚的基督教徒约拿，一直十分渴望得到神的差遣。终于有一天，耶和华交给他一项光荣的任务，以神的旨意去赦免一座本来要被摧毁的城市。可是，面对这项梦寐以求的使命，约拿却选择了乘船逃跑。

后来，“约拿”一词也被用来指代那些渴望成长、成功的同时却又害怕改变、害怕成功的人。

美国心理学家马斯洛借用这个故事，提出了“约拿情结”的概念，说的是人不仅害怕失败，同时也害怕成功。因为，他们总是不敢打破自我设定的束缚，不敢轻易改变自己的现状，去追求成功。

每个人都希望在生活和工作中实现自我，即对成长的渴望、对提高自我并且实现自我的冲动、对发挥自我潜能的愿望。而事实上，大多数人并没能实现自我，也没能充分发挥自己的潜能和实现自己的内心愿望。“约拿情结”正是阻碍自我实现的心理障碍因素之一。怀有这种情结的人，经常会抑制自己的追求，从而阻碍了自己迈向成功的脚步。

所以，我们要想获得强大的意志力，获得成功，就要敢于打破自我束缚，勇敢地改变自己。一个人有多大的野心，就可能有多大的成就。

（1）运用想象创造“新的自我”

想象具有神奇的效用。一直以来，许多成功人士都是利用想象中的图像或预演来获得成功的。比如，拿破仑在参加实际战争之前，总是先在想象中进行无数次的军事演习。

你在想象中期望自己成为什么样的人，而且也确实在想象中“看到自己”所扮演那个角色，那么你的创造机器就会帮助你达到最佳的自我。无论如何，一个想要改变自我的人，一定要先在心里“看到”他要变成的那个新角色。心理学家发现，采用这种方法治疗酒瘾、烟瘾的人从“旧的自我”走向“新的自我”，其治疗效果比其他方法要高出一筹。

- 确定一个你即将为之努力的目标，可以是一个职位、一所房子、你身上的一种变化等。
- 每天花费10~15分钟的时间，独自一人，在不受人干扰的情况下，尽情地放松自己，让自己感觉舒适，然后闭上眼睛充分发挥你的想象力。

• 按照你所期望的那样，创造一个事物、场景或内心图像，用现在时态来进行详细的想象，仿佛它们正存在着一样。

• 用一种积极的鼓励方式来想象你的目标，并向自己做出强有力的积极暗示："它们是真实存在的。""它已经或即将来临。"……想象你正在努力改变自己，接受或获得这个目标的实现。

（2）积极行动起来

积极的行动不但能增强人体免疫力，还能增强人的脑力和意志力，让人摆脱消沉的状态，通过锻炼变得积极、振奋，并有勇气改变自己的不良现状。

• 多参加一些体育活动，比如打球、游泳、跑步等。开始阶段可通过一些简单的运动逐渐提升意志力，然后再一点点增加运动难度，让意志力不断增强。

• 组织一些有意义的活动，也可以有意识地参加一些活动，与更多意志力强、生活态度积极的人接触或成为朋友，从容让自己也变得积极起来。

• 打电话约朋友一起出去聚餐。一旦你们一起就餐，哪怕单单是微笑，也能使与消极情绪相关联的那部分大脑活跃起来。

8. 运用潜意识赢得良好的人际交际

心理学家指出，当我们的思想传递给潜意识时，就会在大脑细胞中留下痕迹，潜意识也会立刻去执行这些想法。因此，潜意识时刻在不知不觉地影响着我们的行为，就像一个记录仪器，你把什么东西印在它上面，它就会忠实地复制这些东西。我们当前生活中的一切，都是我们潜意识的真实反映。

潜意识对我们的人际交往也产生着深刻的影响。前面我们曾提过，潜意识不辨好坏，既执行大脑中好的想法，也会执行坏的想法。如果我们经常消极地使用这一规律，在人际交往中以冷漠、苛责、批评的态度对待别人，那么我们眼中的他人永远都是浑身缺点、可憎可恨、不可理喻的。这也将直接影响我们对身边人的态度，造成比较紧张的人际关系。相反，如果我们的习惯思维方式是积极的、和谐的，潜意识就会促使我们善待身边的人和事，从而给他人留下好印象，获得良好的人际关系。

由此可见，要想获得和谐的人际关系，消除在人际交往中的障碍，潜意识的作用不可小觑。了解并很好地运用潜意识，可以培养一个人潜意识中的积极面，做到与人为善；并且，由他人的潜意识行为，我们也能够在一定程度上推知对方的个性与心理，从而帮助我们在处理人际关系方面更加游刃有余。

有一位女士，大学里学的是戏剧专业，毕业后非常幸运地被一家很有名气的地方剧院录取了。在她进行首场演出时，观众们对她发出了嘘声，让她感到非常失落和愤怒，认为那个地方的观众愚昧无知，她痛恨他们。在忍受了一段时间后，她终于辞职了，回到家乡做了一名话务员。

有一天，一位朋友邀请她去听场演讲，题目是：如何与我们自己相处。这场演讲改变了她的生活。听完后，她意识到，自己对之前在剧院的经历反应过激了。她承认，那场剧的剧本写得不太好，而她自己也的确没有在演出中发挥出最佳水平。观众们并没有错，是她自己没能很好地与观众进行沟通，反而非常消极地回应了观众。

于是，她决定重返舞台，并开始真诚地为观众和自己祈祷。每次登上舞台前，她都会在心里形成一个良好的思维，祈愿上苍赐福给所有到场的观众。每场演出结束后，她都会很真诚地向观众表示喜爱和感谢。

渐渐地，她成了舞台上的主角，赢得了观众的追捧和喜欢。她将自己的善意和自信传递给别人，同时也得到了别人的回报。

我们的潜意识就像是一台录音机一样，忠实地记录着我们的习惯性思维。如果我们总是向潜意识中传递爱、喜欢、和谐等正面能量，将别人往好的方面想，那么你也会以很积极、友善的态度对待对方，自然也能换来对方相同或相似的回报。

相反，如果你总是把别人往坏处想，向潜意识中传入很多有关这个人的负面、消极的信息，你的潜意识也会如实地记录着你的内心动机，在与对方交往时也会不自觉地表现出不喜欢甚至厌恶的情绪来。如同动物具有灵敏的感觉一样，许多人也同样敏感。你以为你的真实思想已经被隐藏起来，但实际上它们已经通过你的声音、面部表情、肢体语言等完完全全地表露出来。这样一来，你又怎么能拥有良好的人际关系呢？

所以，要想成为人际交往中的赢家，就请学会驾驭你的潜意识吧！

（1）学会“重新判断”

当我们面对一个陌生人时，要学会自觉地从比较积极的角度去看待他。这样，我们的潜意识就会接收到你所传递给它的正面信息，从而让你表现得更自如、更友善。即使对方做出一些让你感到不快的事情，你也要多从好的方面来想考虑，这样就不会再对对方的行为感到愤怒、冲动了。“重新判断”是一种极为有效的社交方法，可以协助我们处理一些比较复杂的人际关系。

- 当我们要就某件事对某个人发怒时，先自觉地从一种比较积极的角度去看待他人的行为。比如，当对方误解你时，若能对自己说“他只是没有弄清楚事实”，或者“可能他只是今天心情不太好，并不是针对我”，这样想，就不至于直接向对方发怒了。
- 如果对方是十分难相处的人，我们这样告诉自己：“我不讨厌他，只是还没有找到更好的方式与他相处。”与此同时，尽量做到“以德报怨”。这样，我们所传递出的热情和理解也会逐渐改变对方的态度。
- 当你因为对某人的不满而感到冲动时，试着向自己描述一下眼前的情境和自己的感受。比如：“我现在心跳很快、脸很红，我呼吸急促！”这些短短的描述可以在一定程度上分散我们的注意力，从而避免情绪爆发。

（2）不要过分地否定自己

一些人的人际关系不够理想，因此他们习惯于这样和自己对话：“我想我这样做是不对的。”“我这样与对方相处实在是太糟糕了！”“我怎么能说出刚才的话呢？也许那会让别人有误解的……”

在人际交往中，有意识的、适当的自我反省和自我批评是很有必要的，但如果你经常不断地猜疑自己、否定自己，甚至进行一些毫无意义的自我分析，只会扰乱自己的心智，与人交往时惴惴不安，最终让自己的人际关系更加糟糕。

- 学会接纳自己，欣赏自己，并且不断鼓励自己，每天不断对自己说一些“我可以的”“我本来就很优秀”“我这次干得真漂亮”之类鼓励的话。
- 不要经常使用消极、否定的词语，更不能一听到别人对自己的负面评价就转而自我否定，这样反而会让人看低。
- 当别人对你的行为品头论足时，不要与之计较，不妨对自己说：“做什么事都不可能让所有人满意，我坚持做自己认为对的事就行。”
- 我们不但不要否定自己，还要尽量少批评指责他人，因为这都是不自信的表现。
- 有时谦虚是必要的，但也不要过度，否则就是在贬低自己，反而不利于人际关系的建立。

意志力修炼小结

- 潜意识是人类心理活动中不能认知或没有认知到的部分，是人们“已经发生但并未达到意识状态的心理活动过程”，是蕴藏在我们一般意识下的一股神秘力量，对我们的意志力有着至关重要的作用。
- 驾驭你的潜意识，给予自己积极的自我暗示，你的意志力就会不断增强。
- 你所要创造的事物越伟大、越有价值，你所付出的行动就会越多，你的意志力也会越强大。
- 当你出现消极情绪时，发挥你的潜意识，让意志力帮你克服心中的忧虑。
- 不要担心生活会发生改变，只有勇于改变，你的意志力才能帮助你去战胜生活和工作中的困难。
- 要想消除你在人际交往中的障碍，获得和谐的人际关系，潜意识的作用不可小觑。

第三堂课

态度决定意志，发掘你身体中的正能量

一位伟人曾说过："你的态度就是你真正的主人。"态度是一个人内心的一种潜在意志力，是一个人的能力、意愿、想法、价值观等在生活和工作中的外在表现；态度也是一种你区别于他人，使自己变得重要的能力。一个具有坚决、勇敢态度的人，也通常具备出色的意志力，从而能够发掘自身潜在的正能量，帮助自己获得成功。

1. 敢于接纳意志力薄弱的自己

一个人知道怎样做是好的，同时也有能力做到，但是没有去做；或者，知道怎样做是不好的，同时也有能力不去做，却又做了。在现实生活中，这种现象似乎很常见。然而在希腊哲学家苏格拉底看来，这种情况是不可能存在的，于是就产生了一个著名的哲学论争，学者们称其为“意志力薄弱”。

在这里，我们暂且不去探讨那些哲学论争，只说一说“意志力薄弱”在现实生活中的具体体现。虽然我们都了解意志力的重要性，也知道提升意志力对自己成长和成功的积极作用，但不得不承认的一个事实是：要以坚强的意志力来控制自己的情绪和行为这件事变得越来越困难了，因为我们每天面临的诱惑太多了。快节奏的生活方式、纷纷扰扰的社会环境、碎片化的网络生活……一切让我们的意志力越来越容易失控。

最明显的一个表现就是：越来越多的年轻人工作效率日渐低下，拖延现象日渐严重。有资料统计，大约有10万多网民在网络上吐露自己做事拖延的苦恼。心理学家认为，这种拖延现象属于一种与自我意志相对立的冲动。但其实，这种冲动不但表现为拖延，还表现出其他症状，如焦虑、紧张，甚至强烈的情绪失控等。

人的意志力为何会失控？精神生物学家认为：人类大脑的前额皮质分为三个区域，分别管理着“我要做”“我不要”和“我想要”三种力量。其中，掌管着“我不要”的区域可以帮助人们控制冲动。但事实上，人们一直都在大脑中的那个“控制的自己”和“冲动的自己”之间徘徊，一旦“冲动的自己”战胜了“控制的自己”，意志力就会失控。

现实生活中，当我们出现意志力薄弱的情况时，通常都会强迫自己控制欲望，但其实这样的作用并不明显。

事实上，真正的改变首先应来自接纳，而不是强硬地排斥和控制。也就是说，我们首先要敢于接受自己意志力薄弱这一现实。只有接受了“意志力薄弱的自己”，你才会从意识和潜意识中去寻求改变，渴望改变。否则，即使你再下功夫培养意志力，也是浪费时间。想一想是不是这样：当你认为自己很贫穷时，你才会下功夫去赚钱；当你认为你的学历很差时，你才会主动去报名参加函授课程……

一位心理学家劝告那些向他咨询的人说：如果你不能很快改正缺点，那就不要强行压制这些缺点。你可以在一张纸上画好4个格子，然后在上面填写自己这些缺点所造成的短期和长期的损失和收获。

比如，你想减肥，那就在顶上两格里写上短期损失——“刚开始我要忍受美味食物的诱惑，会很难受”和短期收获——“我可以节省一笔买零食的钱”，在下面的两格里写上长期收获——“我的身体将会更健康、更苗条”和长期损失——“我将失去很多品味美食的机会”。

通过这种正视、接纳和比较，聚集起来的减肥意志力反而更强大，减肥的效果也比强行压制更明显。

所以，从现在开始，请你对着镜子正视自己，然后大声对自己说至少三遍：“我的意志力还很薄弱，我需要接受训练，让它变得更强大。我相信，我能够发生改变，并为获得成功而改变。”

（1）停止与自己的对立

不论你认为自己做了多少不合适的事情，有多少缺点和负面情绪，从现在开始，都要停止对自己的责备、苛求和对立，而是站在自己的这一边，接受自己的诸多不足。

• 承认自己脑海中渴望某种事物的感觉，并告诉自己：虽然这种想法不是我愿意接受的，但在行动上我可以选择不予干涉。

• 当出现意志力不坚定时，不要强行压制，而是对自己说："不论我的现状怎样，我都愿意积极地正视、关注和体验它们，承认自己的优点和缺点，并寻找建设性的解决问题的方法。"

• 遇到困难不要一味地选择逃避，而要在冷静下来后认真分析出现这种矛盾的原因是什么，解决方法有哪些，哪些解决方法是冲突双方都能接受的，等等，找出最佳的解决方法，并立刻采取行动。

• 平时可进行一些有针对性的训练，培养自己的意志力，克服意志力薄弱的现象。比如，结合自己的爱好，选择几项需要静心、细心和耐心的事来做，如绘画、书法、制作精致的工艺品等。

（2）学会分解目标

心理学家研究表明：目标作为一种强烈的诱因，具有很大的激励作用。而激励作用发挥的程度大小，则取决于目标的设置水平、完成目标的绩效水平及完成目标后获得的满足感水平这三个重要变量。

因此，如果你担心自己意志力不够坚定，在完成目标的过程中可能会出现拖沓现象，影响自己完成目标的积极性，那么不妨将目标分解成一个个容易执行的阶段目标。当我们把复杂的大目标简化为一个个简单、容易完成的小目标时，完成起来就容易得多了，而且在完成过程中也能不断增强意志力。

• 把大目标分解为按逻辑顺序排列的一个个小任务，注意：这个小任务设置既不能过高，让人可望不可即，也不能过低，让人唾手可得，一定要稍有难度而难度又不会太大才合适。

• 按分步任务行动，每次只要做一小步，这样就不会觉得太困难了，完成起来也会比较有积极性。

• 适当地减少工作量，包括较短的工作时间或较少的任务数量等。比如，你需要读完一本书，一开始可以规定每次阅读15分钟或10页，这个任务量会让你觉得能够轻松做到，不至于拖延。

• 分清轻重缓急，每天先完成最重要的事情，同时还要在每天结束工作之后列一张详细的表格，让自己知道第二天将要做哪些最重要的事情。

2. 不给自己任何借口

心理学家认为，当你开始为自己没能成功地做完某件事而寻找借口时，你的意志力就已经开始减弱了，而且减弱的速度要远比你增强意志力的速度快得多。因为在我们为自己寻找借口或理由时，我们的潜意识已经在协助我们逃避了。逃避什么呢？逃避我们即将要付出的各种辛苦和遇到的各种困难，让我们能够从心理上更“轻松”地放弃计划，终止行动。

然而，一个习惯于在生活中寻找各种借口的人，是很难获得成功的。无论是人际、事业、知识还是财富，都会不尽如人意。所以，如果你不希望自己变成这样的人，在做事时就最好不要给自己找任何借口，不要让借口束缚你前进的脚步，削弱你的意志力水平。

美国职业篮球协会（NBA）1994~1995年赛季的最佳新秀杰森·基德，在谈到自己成功的历程时说：“小时候，爸爸常常带我去打保龄球。我打得不好，总是找借口解释自己为什么打不好，而不是去找真正的原因。爸爸就对我说：‘不要再找借口了，这不是理由。你保龄球打得不好是因为你不练习。’其实爸爸说得很对，现在我一发现自己的缺点便努力改正，而不是再继续找借口搪塞。”

达拉斯小牛队每次练完球，人们都会看到有个球员会继续在球场内奔跑一小时，一再练习投篮。这个人就是杰森·基德，因为他是一个不给自己寻找任何借口的人。

其实我们经常能遇到类似的情况：遇到一些自己不想做或不愿做的事情时，就会随便找个理由替自己推脱——“我很忙，我没有时间”；看到一些成功人士的事例，再想想自己的一事无成时，也找个理由自我安慰——“他们只是运气好，而我却总是不走运”……

这些都不是真正的理由。如果你真想完成一件事，就一定会下决心去完成，而且也一定会完成得很好。

凡事总给自己找借口其实就是在纵容惰性。如果这种惰性成为一种习惯，就会逐渐消磨人的意志，让我们对自己越来越缺乏信心，甚至变得怀疑自己的能力，怀疑自己所设定的目标，甚至会让自己的性格也变得犹豫不决，遇到事情也总是找借口拖延。比如：觉得自己做某件事的条件还不充分，不断推迟计划，结果延误了许多好的机遇；觉得现在行动已经晚了，结果也只能放弃或接受失败；觉得某件事是自己不喜欢的，所以难以有行动的兴趣，等等。

事实上，这些都不是我们完不成目标的理由，只是我们为自己的懒惰、拖延所寻找的借口，所以才可能用“我觉得还是再等等比较好”这样的念头控制自己，最终与成功越离越远。

人的本性是懦弱的，从这一点上来说，为自己寻找借口拖延行动最合乎人性的弱点，也是一个人缺乏意志力的明显表现。

可是，就算你能一次两次地为自己找借口，但不能永远都为自己找借口。今天你利用借口避免了危险和失败，但同时你也失去了获得成功的机会。

自己的生活还是要依靠自己去奋斗开创的，成功并没有什么秘诀可言。每一位成功的人，都清楚地知道自己需要什么。他们懂得如何去努力，而不是每天都为自己寻找理由开脱。所以，要想成为一名成功者，获得强大的意志力，首先就要对自己负责。只有脚踏实地地走好每一步，抓住每一个稍纵即逝的机会，全身心地投入，你才会离成功越来越近。

（1）拒绝使用“但是”

我们为自己找的借口总是五花八门，但通常都有一个相似点：前半句在陈述事实，后半句在交代借口，中间用“但是”两个字衔接起来，说起来好像非常自然，别人听起来似乎也没什么问题。“我的计划昨天就写了一部分，但是，我实在太累了。”“我本来想今天办这件事的，但是，路上堵车了。”……

其实这些都是你为自己开脱而找的借口，也是让你的意志力变得越来越不坚定的原因。所以，要想增强意志力，就必须努力让自己拒绝使用“但是”这个词。

• 在工作时，时刻提醒自己不要拖延，也不要因为没能如期完成任务就以“本来……但是……”来为自己找理由推脱责任。因为我们要做的不仅是完成手中的工作，更重要的是培养自己的意志力。

• 在接手一项工作时就告诉自己：“要马上行动，必须如期完成！”这句话是惊醒你的自动启动器。任何时刻，尤其当你想为自己找理由拖延时，都要用这句话来提醒自己。

• 每天都对当天的工作或任务进行一次小结，记录工作或任务的完成情况，以及每天是否有浪费时间的举动等。如果有，不要为自己找借口推脱，而是提醒自己“下不为例！”

（2）努力寻找解决问题的方法

做任何事首先就要具有认真负责的态度，给自己找任何借口都是一种逃避责任的表现。所以，在遇到问题时，我们要做的不是找理由把自己的责任摘干净，而是努力寻找解决问题的方法。要知道，好的方法是解决问题的关键，与其费尽心思为自己的失败找借口，还不如花时间为自己找一个解决问题的好办法。只有主动寻找方法，你才有可能尽快解决问题，迈向成功。

• 如果在完成工作或某项任务过程中出现问题，首先要对问题进行详细透彻的分析，然后再对症下药，找出解决问题的关键点。

• 很多问题都是纷繁复杂、环环相扣的，要学会追本溯源，找出问题的症结所在，再想办法从根本上加以解决。

• 要找到一种好的解决问题的方法，思维的转换很重要。不要只从一个角度去分析问题，这会让你的思路走入死胡同。不妨试试逆向思维，转换一种方式思考问题，也许更容易找到解决的方法。

• 平时养成善于学习的习惯，多掌握一些基本知识，如系统知识、逻辑知识、统筹方法等。这些知识积累往往能在关键时刻发挥重要作用。

• 如果出现新颖的想法，要敢于试验，不管它看起来多么不切实际。只有将方法运用到实践中，你才知道这个方法是否有效。

3. 取消你的“道德许可”

所谓“道德许可”，指的是当自己对某件事有一个明确的道德标准之后，在做出与这项道德标准相关的行为和判断时，反而更倾向于违背这项道德标准的行为。举个最简单的例子，当你做了一件好事之后，你会感觉非常良好。这时，你就更容易相信自己的冲动，而这种冲动又常常会使你失去意志力，纵容你做一些坏事。

比如，你的血脂本来很高，医生让你在治疗期间以素食为主，不能吃高热量的甜食。坚持了几天后，你在路过一家蛋糕店时，发现店里的蛋糕又好看，闻着又香。这个时候，你的“道德许可”便不知不觉地启动了。你可能会对自己说：“我只是偶尔吃一点而已，不会有问题的！”于是，你马上掏出钱买下一块美味的蛋糕，美滋滋地享受甜点了。

而关键问题是，当你第一次这样“纵容”自己后，很快就会出现第二次、第三次。因为你的潜意识认为：既然第一次那样做都是合理的，那么后面的又怎么会不合理呢?

人们之所以会产生这种“道德许可”，主要源于外界事物的各种诱惑。而这些诱惑，往往就是导致你意志力薄弱的主要根源。而且，这种“道德许可”还会计算你“未来的善行”，导致你出现“今天犯错，明天补救”的心理，让你随时随地都可能做出纵容自己的决定。

这就像我们平时购物的习惯一样。当我们看到商场的各种打折信息时，立刻就产生了购买的冲动，不管这些打折的商品是否真的是我们当前所需要的。即使当前不需要，我们也会这样劝说自己：反正以后也会用到的，现在买了正好便宜。于是，我们花钱买下了许多打折商品。结完账后，我们还会想：这次的东西可是比平时节省了好多钱呢！可是我们却忽略了重要的一点，那就是自己刚刚花出去的那些钱。

这本来是个很不好的习惯，却让我们毫无内疚感，因为在放纵自己的购物欲望时，我们认为这是在“省钱”，而不是“乱花钱”。这种“道德许可”其实很大程度地挑战了我们的意志力，并让我们的意志力最终屈服。

人的本性是做“我们想做的事”而避开“我们不想做的事”。当我们将意志力挑战上升为一种美好的行为，变成“为完善自己必须要做的事”时，我们就会产生逆反心理。

不过，态度决定意志力。只要我们真的想改变自己，就一定可以改变。著名作家马克·吐温的医生曾责备他吸烟和喝咖啡没有节制，而且他每天晚上还要喝浓茶、烈酒，吃一些不易消化的食物，这些都是很不好的健康习惯。对此，马克·吐温说：“我不能少吃少喝，因为我缺乏意志力。我可以彻底戒掉它们，但就是不能减少。”

马克·吐温的话值得我们认真思考一下。如果你不想因为这种默认的“道德许可”而降低自己的意志力，让自己的意志力不断接受挑战并最终失败，那么最好的办法就是根除这些嗜好，远离这些嗜好对你产生的诱惑。

（1）让自己与“诱惑源”相隔绝

我们每个人的身边都有这样或那样的诱惑，时刻挑战着我们的意志力，让我们在“道德许可”的默许下养成一些坏习惯，削弱意志力水平。

所以，要想不让自己陷入“道德许可”的陷阱当中，保持坚定的意志力，我们就要尽量让自己与身边的那些“诱惑源”隔绝开来。即使不能完全隔绝，也要尽量做到不闻不问。

• 找出你的“诱惑源”，如网络游戏、球赛、连续剧、烤肉、购物、闲聊等。

• 列一个详细的单子，将一些平时非常吸引你的、诱使你使用“道德许可”的事物都写下来，让自己的心里有个数。

• 平时工作或完成某项任务时，与这些“诱惑源”互相隔绝，让自己无法正常接触到它们，从而帮你实现专心工作或做事的目的。

• 当你感到自己完全能自觉地与这些“诱惑源”相隔离时，再取消隔绝，再次强化自己的意志力。

• 平时也尽可能完全隔开工作和娱乐的空间，强化刺激工作的元素，远离娱乐诱惑，尽量不让自己因为娱乐而影响工作。

（2）随时随地强化意志力

要想取消对自己的“道德许可”，我们需要经常强化自己的意志力，不论是在什么时候或什么地方。一旦某个坏习惯露出苗头，就应该马上将其从大脑中清除，不要让它长久地潜伏在自己身上，否则它就会乘虚而入。久而久之，这些“道德许可”也会在持久、强大的意志力面前举手投降。

• 面对一些坏习惯时不要逃避，要勇敢地面对它，承认它的存在，并且敏捷地抓住它，而不是调动积极的力量与其决一死战。坚持挺过这个时间段，要克服的这个坏习惯也会逐渐退缩。

• 在强化意志力过程中遇到阻力时，想象一下自己克服困难后的快乐。既然投身于实现自己目标的具体实践中，就要鼓励自己坚持到底。

• 尝试给自己一些压力，适当的压力可以刺激强大的意志力产生。所以，不妨将自己放在一个没有退路的环境中，你会发现：自己的意志力在不知不觉中变得强大了。

• 不要将你所取得的一点进步当成自己放纵的借口。在面临诱惑时，更应该努力战胜放纵自我的念头，让意志力变得强大。

• 每天清晨起来时，都要让自己保持朝气蓬勃，心情愉快，扔掉大脑中那些不协调、不健康的思绪，代之以美好、积极、充满活力的情绪。在这样的情绪下工作或做事，我们的积极性会更高，抵御外界诱惑的能力也会更强。

4. 别把事情都推给明天

相信很多人都有过这样的经历：把一项工作或本来早该完成的任务拖了又拖，总想着明天再做、明天再完成；总是对自己说“明天我一定要好好工作”，或者“我明天再来做这件事就可以”……这样把所有事情都推到了明天，那么今天你在做什么呢？今天你的时间，真的被一件件重要的事情填充得满满的吗？还是你做事总是喜欢拖拉，把本该完成的事情和期望都放在了明天？

这其实是一种消极的暗示。你拿到工作报告，先传递给自己这样一个信息：我一天时间就可以把这项工作完成。此后，不管你有多长的时间，你都会找各种理由将这项工作推到“明天”。一直到交付工作之前，你才开始玩命去做。如果这时候的成绩还不错，那么消极暗示就形成了，你的潜意识会告诉你，你只有在高压下才能把事情做好。这样到了下一次，你依然还会拖延。久而久之，惹出来什么大麻烦也说不定吧！

英国著名小说家查尔斯·里德在他的著作《挪亚的皮革商》中写道：“……那个债务累累的小职员终于下定决心要勤奋工作了，但他始终还是没能改掉懒散的毛病。当困倦袭来时，他忍不住又睡着了。过了一段时间，他醒过来，当看到那么多的收据摆放在那里时，他又感到非常困倦。于是，他开始喃喃自语地说：‘明天我再把它带到彭布鲁克去，明天就去！’可是当第二天到来的时候，警察发现他已经死了。他很多事情都没完成，也没有机会再去完成了。”

“明天”通常是魔鬼的座右铭。在人类漫长的历史中，天赋聪慧但因为拖沓懒惰而一事无成的例子不胜枚举。即便是很多智力超群的人，为世人留下的也可能是无数尚未完成的计划和方案。对那些无能和懒惰的人来说，“明天”永远都是他们最好的理由和借口。

《高效能人士的七个习惯》的作者柯维博士曾经说过这样一句话：“人们总是觉得自己的时间不够用，但大多数人却总是把时间乱用。”柯维博士这句话的深层含义就是：我们总是没有把时间用到对的地方，所以造成了拖延现象的不断出现。我们总会有这样的感受：无论是处于外界的干扰还是诱惑，抑或自身长期习惯造成的影响，我们往往不能在规定的时间内完成自己的计划，所以才会对“明天”产生依赖。

只是，这种凡事依赖“明天”的做法对我们意志力的培养是十分不利的，甚至完全是对抗性的。久而久之，我们甚至会认为这本来就是人的一种无法改变的本性。但事实上，这并非什么本性，而只不过是我们在工作和生活中养成的一种阻碍行动、有碍于我们意志力发挥作用的恶习。要知道，有好的目标、好的想法固然重要，但比它们更重要的是积极的行动。没有行动，任何目标和想法都只是空想。只有将目标和想法努力付诸实施，才有可能获得成功。

有人问一位法国的政治家说：“您是凭借什么使自己在政坛上获得巨大

成功，同时还能承担多项社会职务的呢？”

政治家回答道：“我从来不把今天能做的事情拖到明天，仅此而已。”

所以，如果你也想顺利地完成工作或自己所设立的目标，就不要将你的工作或目标都推到“明天”来完成，而是现在、马上就行动，让自己成为一个“行动主义”者。长此以往，你也会成为意志力坚定的高效能人士。

（1）告诉自己“立即行动”

许多人做事总喜欢等到所有的条件都具备了再行动，殊不知，工作中很少会有万事俱备的时候，我们不太可能等到所有条件都完善了再开始工作。所以，当我们接到一个新的工作任务时，最好马上采取行动，在既定的环境中努力将工作做到极致。

- 仔细审视工作任务，列出当日要完成或在一定时间内要完成的工作量，并尽量要求自己按时完成。

- 如果你的大脑中出现“再等一会儿”“明天再开始做”这样的语言或心理意念，要立刻将它们清除出去，一刻也不能在我们的心里停留。

- 拟定一个完成工作任务的期限，给自己适当加压，也可以让身边的人都知道你的工作完成期限，让他们监督你如期完成。

- 时刻给自己敲敲警钟，提醒自己拖延工作所带来的后果。比如，可能会让你的工作效率降低，影响你的薪资水平，等等。

- 每天进行一次总结，记录工作或任务的完成情况以及每天是否有过拖沓现象以及拖沓的时间、原因等；也可以记录一下自己的拖沓症状是否有所改善。哪怕只是简单地记录一句话，也要养成这个习惯。

（2）运用“切香肠”技巧处理较难的工作

接到一项工作时，如果感到立即行动比较困难，尤其在面临一件令自己很不愉快的工作或很复杂的工作时，可能常常会有一种无从下手的困惑，这时，不要让自己产生“明天再说吧”的念头。如果感觉工作复杂，可以运用“切香肠”的技巧来解决，即不要一次性吃完整条香肠，而是将它切成小片，一小口一小口地慢慢品尝。

• 将工作分成几个小部分，分别详细地列在纸上，然后把每部分再细分为几个步骤，使得每一个步骤都能够在较短时间之内完成。

• 在规定的期限里让自己完成一小段的任务，并且在这个过程中不要去想整体的难度。这样你会发现工作完成的速度大大超出你预计的速度。

• 每次开始一个新步骤时，不到完成绝不要离开工作区域。如果一定要中断的话，最好是在工作告一个段落时。

• 即使在阶段性工作中遇到了困难，也不要产生挫折感，而要努力看到你的进步，即使它不是那么明显。

• 有时拖延一项工作并非因为整个工作会让你感到不快，而可能仅仅是其中一部分让你觉得讨厌。如果是这种情况，就先来做你讨厌的那部分工作。努力让自己完成了这部分工作，后面的工作就会让你感到得心应手。

5. 培养紧迫感，控制你的懒惰

18世纪，社会学家萨缪尔·约翰逊说过这样一句话："懒惰是每个人多多少少都具有的重大弱点之一。要想获得成功，除了要学方法，更重要的是克服人性中的这一弱点！"

从人性的角度来说，懒惰是人的天性，世界上大部分人都是懒惰的，甚至每个人的内心深处都有懒惰的一面，种着懒惰的基因。人类的这种懒惰的本性也可以使自己的躯体在适当的时候获得放松，从而恢复机体活力，获得再次投入工作的力量。

中国有句俗语叫"万事开头难"。"开始"，对于懒惰者来说就是一种令人厌倦的时刻。即使是非常勤奋的人，也与常人一样，经常受到惰性的缠绕。人既有活动进取和发展的要求，又有惰性的倾向。这种矛盾，一部分是因为生理原因——人的器官既有活动的需要，又有休息的需要，同时也是一种心理反应——人既要释放能量，又要聚集能量。因此，人类的大部分行为都可以用“缓和紧张”的动机来解释。而惰性则被视为“缓和紧张”努力中的一种。

但是，纵容懒惰，任其发展，会让它成为根植于你身上的一种恶习。不管你原来是个懒惰的人还是个勤奋的人，一旦这种行为习惯形成后，就会变得相当顽固。懒惰既然成了一种习惯，自然也就会依照惯性而自动地发生作用。久而久之，连你自己恐怕也觉察不到自身的惰性了。结果，你便经常为自己找借口，而且每一次的借口看起来都很充分，但是始终难以将本该完成的工作做好、做完。

法国思想家弗朗索瓦·拉罗什富科说：“懒惰是我们所有激情当中一种潜意识的激情，没有哪种激情比它更顽固和更难对付了，尽管它所带来的损害往往会躲过我们的注意。假如我们仔细思考它的影响，就会确信它顽强地，竟然巧妙地掌握我们的全部情感、愿望和欣赏力。它像吸附于大船底部的印头鱼，像暴风雨来临前死一般的沉寂，却比任何风暴和暗礁更加危害我们重要的事业。在懒惰的安静中，精神上获得静悄悄的乐趣。正因为这样，使我们忘记了最热烈的愿望和最坚强的志向。”

古罗马皇帝在临终时给罗马人留下这样一句遗言：“懒惰是一种借口，勤奋工作吧！”当时，他的周围聚满了士兵。

罗马人有两条伟大的箴言：勤奋与功绩。这也是罗马人征服世界的秘诀。在那个时候，任何一个从战场上胜利归来的将军都要走向田间，与百姓们一起劳动，因为罗马最受人尊敬的工作就是农业生产。正是由于整个罗马人的勤奋，才使得国家逐渐变得富强。

然而，当财富和奴隶慢慢增多时，罗马人便渐渐变得懒惰了。于是，这个国家开始走向衰败，懒惰也导致罪犯增多、腐败滋生，一个高尚而伟大的民族就这样消失了。

每个人都会或多或少地有些懒惰状态存在，但为什么有的人能够克服懒惰，有的人却被懒惰打败，最终一事无成呢?

这就在于每个人的意志力不同。事实上，如同价格围绕价值上下波动一样，人们的意志力也会围绕一个定值上下波动，有最高点，也有最低点。通常在受到刺激、遇到压力或受到鼓舞时，意志力会高涨。这时，人的工作能力和欲望都会很强，而且会定下目标并积极努力完成。但经过一段时间后，意志力由于困难、诱惑和各种其他因素的影响，开始出现下降现象，陷入低潮时期，这时许多人就会陷入到懒惰松散的状态之中，变得拖拖拉拉，还会给自己找很多借口，不能如期完成任务。

不过，如果你的意志力足够坚定，即使在懒惰等不良状态下，积极培养做事的紧迫感，也能凭努力克服坏习惯，让自己顺利度过意志力的低潮期。

（1）不要给自己找“偷懒”的理由

许多人在因为懒惰而放弃学习和工作时，往往会产生自责，心理学上将其称为“认知不和谐”。而为了减轻这种自责，人们便会编造一些理由来说服自己，从而使自己心理上感觉平衡一些。

要克服懒惰，首先要做的就是不要给自己的“放弃”找出任何理由。当心理上的“认知不和谐”产生后，如果得不到“解释”，人们就会改变态度，从“不想学习或不想工作”变成“我要学习或我要工作”。

• 为自己制定一份内容详细的日程计划表，规划每天要完成的工作，并要使自己紧迫起来，立即行动，不给懒惰拖延以任何借口。

• 给自己一个合理完成工作的期限，并要求自己必须在这个期限内完成。需要注意的是：一定要一次性将工作落实，千万别对自己说“以后再进行”。“以后”就意味着行动的失败，懒惰的开始。

• 当自己没能控制住懒惰时，要适当给予自己惩戒。比如，因为偷懒而没能按时完成工作，就惩罚自己取消本来计划好的一场电影、一次娱乐休闲活动等。

• 让家人或朋友来监督自己，让他们一旦发现你出现懒惰情绪，就给你敲敲警钟，提醒自己提高完成工作的紧迫感。

（2）坚定你要做的事

这是依靠你的潜意识来帮你克服懒惰，提高紧迫感。当你不断重复你要做的事和你要达到的目标时，这件事和这个目标就会逐渐被你的潜意识所接受，从而让你在不知不觉中朝向实现这一目标的方向前进。久而久之，“坚持”就会变成你的一种态度、一种习惯，成为你生活的一部分。

• 将你的工作、你要完成的事情记录下来，并抽出时间认真思考该如何完成它们。

• 如果你的懒惰是因为害怕失败，鼓励自己丢掉这种恐惧，勇敢承受可能因冒险而导致的失败。告诉你自己：采取行动可能会失败，但如果不采取行动，失败就是必然的。

• 给自己设定一个专注工作的时间，并定下倒计时间。这样，我们在心理上就会产生紧迫感，促使我们更加坚定地完成任务。比如，设定20分钟为工作的一个专注时间段。在这20分钟内，只专注于眼前的工作，直到闹铃响起。如果感觉20分钟太长，也可以先设定较短的时间，如10分钟、5分钟。当你能够在这个期限内专注工作时，再尝试增加专注时间的长度。

• 在完成工作期间，如果感觉想偷懒，或因为被干扰而做不下去时，就暗示自己再坚持一下，可以再努力坚持5分钟、10分钟等，从而锻炼意志力，不让自己偷懒。

（3）给懒惰一个释放的窗口

凭借意志力可以强行压制懒惰，但有一个问题就是：越是压制懒惰，懒惰反而会越膨胀。这样不但会影响工作效率，还可能让你的意志力濒临崩溃。所以，我们需要在适当的时候给懒惰一个释放的“窗口”。

• 释放懒惰最好的“窗口”就是适当的休息。在周末或一天中工作效率较低的时刻，抽出一定的时间做自己喜欢的事，如读书、游泳、运动等。放松之后，你会迎来又一个意志力高潮期。

• 每完成一个小任务，也可以奖赏自己一些时间休息放松，听听音乐、看看电影等。但需要注意的是：不要让休息的时间太长，否则会降低工作的紧迫感，让意志力松懈下来。

• 虽然我们应该积极主动地完成工作，但也不要将所有的工作都攥在手中，要学会把工作分派出去，可以分派到下一个时间段或其他能帮助你的人手里，让自己的精神能够得到放松，从而更加高效地完成工作。

6. 建立主动戒除坏习惯的意志

在某种意义上来说，人的生命都是由一堆习惯有系统地组合起来的。不管我们是不是承认，我们都无时无刻不在“模仿、复制过去的我们”。随着年岁的增长，我们也越来越像一架被安装了程序的机器，习惯的力量一天天地增强。而我们自己也会按照固有的方式行事，甚至很少思考自己为什么要这样做，为什么要通过这样的方式，为什么不能改变一种方式，等等。

心理学家认为，习惯来源于我们的潜意识，就像我们每天回家时掏出钥匙开门，进门后换上拖鞋一样。我们无须在意识中主动提醒自己，却每天都在重复着这些行为。

研究也表明：人们每天进行的90%的活动都源自习惯：几点钟起床，怎样穿衣、洗脸、刷牙、读报、吃早点、出门上班……一天之内要上演着几百种习惯。这些习惯都出于我们潜意识的驱动。

著名教育家叶圣陶先生曾说过：“养成一个好习惯，一辈子受用；养成一个坏习惯，一辈子吃亏。”可见，习惯对我们的影响并非暂时的，而是终身的。而且习惯的好坏也决定着我们生活质量的好坏。因为“习惯”这个词通常还代表着一种固定的行为倾向，代表坏的、有害的或不道德的心理或行为等，比如吸烟、酗酒、吸毒。一旦养成了这些“习惯”，它们在我们的潜意识里就会变得根深蒂固，想要改掉或戒除也会变得非常困难。

不过，虽然戒除坏习惯是一件很困难的事，但并不代表做不到。如果我们能够明确态度，建立主动戒除这些坏习惯的坚定意志，多养成一些好习惯，并用这些好的习惯来代替坏的习惯，就能提高我们的意志力，还能激发出我们身体内更多的潜能。

养成一种习惯大概需要三周的时间，改掉一个旧习惯则需要更长的时间。所以如果你打算戒除一些诸如吸烟、酗酒、做事拖拉等坏习惯，也必须给自己一些时间，然后以更好的方式取而代之。

有一位因肥胖而患多种疾病的人，就是通过自己的意志力戒除了一个好吃甜食的坏习惯。当他因为血脂、血糖过高而住进医院时，医生告诉他，如果不能戒掉甜食和其他一些高热量的食物，他的身体会越来越糟糕。

虽然他以前就知道吃甜食的坏处，也想戒掉甜食，多吃一些蔬菜和水果，但每次都是拖延着不想行动。现在听了医生的话，他决定利用三周的时间来试一试。

为了帮助自己下定决心，他把自己该吃的食物都列成表格贴在冰箱门上，首先从精神上提醒自己。

但第一天的日子还是很难熬的，他努力让自己忙碌一些，忘掉那些甜食，但脑海里却始终翻腾着冰箱里的巧克力蛋糕和甜食盒里的奶油甜饼……

直到第四天，当全家人都在吃蛋糕和甜饼时，他却独自吃着水果和蔬菜，但心里却感到很自豪。

三周转眼间就过去了，他吃蔬菜和水果、戒掉甜食的习惯终于固定下来了。他也不再拼命吃甜食，体重也减轻了5磅。

可见，依靠意志力来戒除坏习惯的做法还是很可行的。意志力对每个人来说都十分重要。前苏联教育家马卡连柯说过：“坚强的意志——这不但是想什么就获得什么的本事，也是迫使自己在必要时放弃什么的本事。……没有制动器就不可能有汽车，而没有克制也就不可能有任何意志。”反过来也可以说，没有坚强的意志就没有自制能力，也就没有戒除坏习惯的决心。

所以，如果你也打算戒除一些坏习惯，最有效的方法就是首先让自己建立起坚强的意志力，然后凭借意志力一举打败恶习，获得成功。

（1）接纳自己现在的状态

很多人容易走入这样一个误区：想戒掉一个坏习惯，就把这个坏习惯当成敌人，认为自己只有战胜了敌人，才算是戒掉了坏习惯。

而事实上，任何对抗都是有反弹的，你抗拒得多强烈，那么反弹也会多强烈。很多人戒除不掉一些坏习惯，其实就是因为没办法战胜这种反弹。所以，要戒掉坏习惯，单纯地靠强制是不行的。

• 如果觉得某个坏习惯很难戒除，不要强行去反抗它，而应先接纳自己现在的状态，降低自己的心理压力。

• 告诉自己：我不是来戒除这个坏习惯的，我只是让自己不要再继续增强，只需先维持现状这个状态就很棒了。

• 尽量让自己忙碌起来，以至于没有时间去“享用”这个坏习惯，慢慢地远离它，戒除也会变得更容易些。

• 寻求家人或朋友的帮助，让他们帮忙监督或鼓励你完成这一目标。当你连续几天都没有继续这一坏习惯时，记得给自己一个奖励，鼓励一下自己。

（2）用新养成的好习惯来代替原来的坏习惯

习惯的力量是巨大的，就连列宁都感叹地说：“习惯的势力是可怕的。”要戒掉一种坏习惯，没有强大的意志力是不行的。不过，我们也可以通过养成新的好习惯来代替、置换原来的坏习惯。当好习惯形成之后，我们就无须再用大脑思考来指挥行为了。因为新的好习惯必然会令生活有一番新的景致、状态和面貌。此时再看那些坏习惯，可能已经随着好习惯的到来消失了。

• 对自己的现状进行详细的分析，然后订立一个自己最想完成、最吸引自己的目标，让自己能够全身心投入。

• 将这一大目标分解为小的阶段性目标，并制定详细的实施步骤，将每一步都安排得细致而简单。

• 鼓励自己马上行动，并按照计划坚持完成每一个阶段性小目标。目标完成后，认真地进行自我反省和自我激励，看看自己有哪些地方做得不好，下一阶段要努力改正；哪些地方做得很出色，下一阶段要继续坚持。

• 按照“PDCA循环法”——计划—执行—检查—修正，将目标坚持三个月以上。你会发现，你在完成目标的过程中形成的新习惯已经逐渐替代了以前的旧习惯，身上的一些毛病也在不知不觉中减少了。

7. 用自律抵御外界的干扰

西奥多·罗斯福说：“有一种品质可以使一个人在碌碌无为的平庸之辈中脱颖而出，这个品质不是天资，不是教育，也不是智商，而是自律。有了自律，一切皆有可能；缺乏自律，则连最简单的目标都显得遥不可及。”

什么是自律？自律就是治理自我、管理自我、控制自我、约束自我，是实现目标的艰辛路途中不可或缺的品质。一个能够克己自律的人，也一定是个具备强大意志力的人，可以做到控制和支配自己的行动，使自身的一切举止都在自我的控制之下。当我们的思想和行为处于受控状态时，我们的命运也会相应地处于受控状态，那么也就等于我们自己能够主宰自己的命运了。

在这个充满诱惑的社会中，要想让自己不被干扰是很困难的。有这样一个故事，说一个人捡到一个精美的盒子，上面写着："记住，无论如何都不要打开这个盒子，否则人类将要遭到灭顶之灾。"这人一看吓了一跳，可不久他就恢复了正常，心里开始想："这个盒子里面到底装的是什么呢？什么东西能有这么强大的力量呢？"最终他经受不住诱惑，打开了盒子。结果，盒子里装的邪恶全部跑了出来，给人类带来了巨大的灾难。

这则故事说明，要想抗拒诱惑和干扰是多么不易，没有严格的自律是不行的。而要具备严格的自律，首先就要具备强大的意志力。依靠这种意志力来约束自己，人才会更能抵御外界的各种诱惑和吸引，专注于自我的目标实现。

乔布斯这个改变全球现代通信、娱乐及生活方式的人，就以其严格的自律和强大的意志力征服了整个世界。可以说，在我们这个世界，比乔布斯聪明的人比比皆是，但能够取得他那样成就的人却寥寥无几。是什么原因让他能够如此卓越？答案就是他的自律和意志力。

乔布斯年轻时，每天都是凌晨4点起床，上午9点半前将一天的工作做完。有人问他："你的自由从何而来？"他回答说："从自信来，而自信则是从自律来！先学会克制自己，用严格的日程表控制生活，才能在这种自律中不断磨炼出自信。"

难道乔布斯的生活中没有诱惑吗？当然也会有！我们每个人都不可能让自己生活在真空状态，既然如此，也就都不可避免地会遇到外界的各种影响、诱惑和吸引。而在乔布斯强大自信的背后，其实还隐藏着一个熠熠闪光的品质，那就是意志力。没有坚强的意志力，也就不可能有他后来所取得的巨大成就。

很多人认为自律是自由的反义词，是在约束他们的行动和自由。其实不然。自律不仅不会约束你的自由，还会帮助你创造你想要的东西，实现你梦想达到的目标。而且最终获得成功的，也是那些严格要求自己、能够控制自己思想和行为的人。有调查也发现，自律程度高的人群，在健康、财富、性格、社交等很多领域，都能有更好的建树。

那么，我们怎样才能做到克己自律、抵御外界诱惑呢?

（1）设定目标，循序渐进地完成目标

要做到自律，首先要弄清楚你为什么要自律。这个原因必须是你发自内心地想要解决的问题，是你认真分析后得出的结果。当你确切地知道自己要做到自律的原因后，再为自己设定一个具体的目标，然后循序渐进地克制自己的欲望，通过努力完成目标来提高自律性。

• 目标不要太多，最好不要超过两个；也不要太高，否则难以实现，不利于自律性的培养。

• 将目标进行详细的分解，每天规定自己完成多少任务，并循序渐进地进行。比如，你计划每天工作结束后花3小时的时间研究创业，那么刚开始时就不要强迫自己用3小时来做这件事，可以在第一周先试着每天用1小时的时间进行，此后再慢慢延长时间。

• 当你在工作状态时，一定要让自己全身心地投入，不要浪费时间，也不要把工作的场所当成社交娱乐的场合。

• 养成一种紧迫感，每次只专心地做一件事，并且用最快的速度完成。之后，立刻进入下一项工作。养成这一习惯后，你会发现自己一天所能完成的工作量如此惊人，还会发现自律性也在一点点变好。

• 阶段性地给自己一些奖励有利于维持自律，创造良性循环。比如提前设定，连续一周坚持长跑的奖励是去看一场自己喜欢的电影。这样有紧有松的安排有利于自律的持久。

（2）通过联想后果提高自律性

为了让自己做到自律，坚定自己拒绝和抵御外界干扰的决心，我们可以联想自己在做到自律后所获得的美好前景和未来，同时也可以联想一下这些干扰所带来的不良后果。两种结果相互对比，以此刺激自己的意志力，增强自律的决心。

• 当我们管不住自己，失去自控力，被欲望所诱惑时，就设想一下拒绝这种不良诱惑的结果是怎样的。比如，拒绝了一场毫无意义的娱乐聚会，就可以多一些时间学习业务知识，尽早完成工作任务，获得加薪和升职。

• 也可以向相反的方向联想，比如参加了这次娱乐聚会，就可能会通宵吃喝玩乐，不能拥有充足的睡眠，第二天上班也是精神萎靡，工作效率降低，甚至遭到上司的责罚等。

• 再联想一下长期后果，即提升自律可以让我们对目标更加坚定，更有信心完成任务，生活质量也会因为工作的出色而获得很大改善。相反，长期缺乏自律，会让我们变得意志力薄弱，对生活和工作缺乏信心，最终可能一事无成。而这绝对不是我们想要的未来。

（3）创造自律的环境

我们所处的环境也会影响我们自律性和意志力。现实生活中，我们可能很难有几小时的时间不被人打扰。如果你的自律性较差，意志力不够强大，那么在干扰因素过多的环境下，完成一项工作的难度可想而知。

虽然我们不能完全消除周围的干扰因素，但我们可以尽力将周围的干扰降到最低，为自己创造自律的环境。

• 如果你很容易受电脑游戏的诱惑，那么就将所有游戏从你的电脑里删除，让自己完全与电脑游戏隔绝。

• 工作时，尽量将影响你工作效率的聊天软件、音乐、电视等都关掉，将自己的精力全部投入到工作当中。

• 将工作台上那些让你分心的东西都挪开，这样你就可以花更多的精力专注于那些需要你自律的地方了。

• 如果条件允许，工作时关上门，既减少来自外面的噪音，又能防止同事或家人在你工作时进来打扰你。

• 在工作期间，如果同事或家人以堂而皇之的理由来找你，不妨礼貌地告诉他们：“我想把这些工作先做完，半小时后再来找我好吗？”

8. 敢于正视欲望，善于管理欲望

一说到欲望，似乎就有些贬义的意思，让人想起“欲壑难填”“欲罢不能”“利欲熏心”等贬义词。事实上，欲望是人们前进的基本动力，也是人们行动的基本原因，很多时候还是进取心的来源。它就像是我们身体内的发动机，驱动着我们前进、行动、追求梦想，甚至有的时候铤而走险。因为有吃的欲望，我们才能吃得津津有味；因为有成功的欲望，我们才能比其他人付出更多；因为有成名的欲望，我们才会在乎自己的形象与其他人的认同……如果一个人缺乏欲望或欲望不强，那么也就少了活力，做事也会缺乏动力。这时即使得到别人的启发和帮助，做起事来也不会积极主动。

可见，欲望也不完全是个坏东西，它在一定程度上也起着积极的作用。成功的人敢想、敢做、敢追求，失败的人却缺乏这种勇气。迈向成功的第一步就是需要想，需要欲望，需要树立一个伟大的志向。“我一定要成功！”这是一个欲望，也是一种态度，更是迈向成功的起点。无数人之所以平庸、落魄，就是因为在他们心中不存在这么一个起点。

不过，凡事也都具有两面性。欲望得到满足可以令人快乐，而欲望不能满足则会令人痛苦；欲望既能让人积极上进，又会令人消沉堕落。因此，欲望是个让人又爱又怕的东西。

既然欲望是每个人都无法摆脱的，那么我们就必须敢于正视它，并善于管理好自己的欲望。欲望可以成就一个人，也可以毁掉一个人。你若能正视它、分清它、驾驭它，它就能够给你带来许多成功和快乐。

在内地民营企业家的一轮又一轮大浪淘沙中，刘永好一直保持着敏锐的触觉和向上挺进的欲望，不断探寻财富的前沿和边际。1982年，他与三个哥哥拿着仅1000元钱的资本开始了创业之路。他们一起养鹌鹑，做成了世界第一；后来改行做饲料生意，又做成了中国饲料大王。2009年，刘永好兄弟的财富值已经达到220亿元人民币。

什么时候该出手，什么时候该收手，这是许多企业家遭遇的主副业间权衡的难题。在这方面，刘永好非常善于管理自己的欲望，因此也总是能把握时机，收放自如，运筹帷幄。在刘永好兄弟看来，一个行业好得不得了的时候，就意味着泡沫大了，风险要来了，是最危险的时候。所以，他们经常在真正的经济危机来临时出手。2009年经济低迷时期，新希望集团在大多数企业采取收势的时候反而采取了攻势——重点部署农牧产业链，加大海外饲料新厂及产业化建设等，结果都获得了一定的成功。

刘永好说："面对机会要先进半步，面对风险要先退半步。"可见，只有控制自己的欲望，管理好自己的欲望，才能获得更多的成功与荣誉。

欲望是一个人成功的发动机，但它同样也能摧毁一些意志不坚定、"欲壑难填"的人。有欲望并不可怕，可怕的是不能合理地管理欲望，让欲望无限膨胀，与一个人所具备的能力之间失去了平衡，甚至欲望远远超过了自身的能力，结果最终被无穷的欲望所摧毁。所以，如果想让欲望成为激励我们前进的动力，就要敢于正视它，并且有能力驾驭它。

（1）满足自己的合理欲望

既然欲望是自然存在的，而且可以激励我们奋进，那么我们就应该通过安全正当的方式适当地满足自己合理的欲望。

所谓"合理的欲望"主要包括两层含义：一方面是指欲望的内容是健康的，另一方面是指满足欲望的方式是正当的。即要求我们不要为了满足一己私欲，做一些危害他人、社会的事情，如通过竞技、游戏等来满足自己的攻击欲、权力欲、享乐欲等。这些都是我们必须控制的。

- 成功源于欲望，所以请为自己树立一个合理的目标，并将这个目标作为激励自己追求成功的动力。
- 想象你已经实现了目标或体验到已梦想成真的滋味。心中越想尝到这种滋味，就越渴望成功，也越能驱策自己去追求成功。

• 多与一些成功人士接触，可以产生见贤思齐的心理，强化自己的梦想。

• 追求成功的途中也要学会拿得起放得下，这样即使失败也不会为了没能得到的东西而耿耿于怀，结果让自己陷入消极情绪之中。

（2）不过分夸大自己的能力

每个人的能力都是有限的，总有一些事情是自己无能为力的。如果不能认清自己，过分夸大自己的能力，结果只能是在现实中四处碰壁，并为自己那不切实际的欲望付出沉重的代价。

• 接受自己所有的优点和不足，即使自己学历不够高，能力不够强大，也不要为了满足自己的虚荣和欲望而刻意夸大。

• 多看自己的优点，同时努力改进自己的不足。

• 树立自己能力所及的目标，做自己能力所及的事，不要让所设定的目标超过自己的能力范围，否则结果只能是一事无成，徒增烦恼。

（3）磨炼意志，抵御不良欲望

人类的各种欲望，如果任意放纵而不加约束，那么就必将是永无止境的坠落。所以，我们必须磨炼自己的意志力，依靠意志来抵御各种不良欲望。

• 尽量回避一些不良欲望的影响。比如，不进色情场所，可以避免降低被色情诱惑的机会。

• 一旦产生不良欲望，想象自己在克服它之后的快乐，同时积极投身于实现自己良性目标的具体实践中。

• 不要说一些空洞的话，比如“我要抵御不良欲望”“我不再受不良欲望的影响”，而应具体、明确地表示“为避免误事，从现在起我要戒酒”“我打算再也不玩网络游戏了”，等等。

• 努力提高自身的修养，不断增加精神世界的追求，这样不但能控制自己的一些不良欲望，还能提高自身的道德素养。

意志力修炼小结

• 在我们要改变自己的意志力之前，首先要做的一件事就是：接受意志力薄弱的自己。

• 当你开始为自己寻找借口时，你的意志力就会开始减弱，并且减弱的速度远比你增强意志力时快得多。

• 在提升意志力的过程中，不要将所有的意志力挑战都放在道德标准的框架中，也不要轻易地认为，自己所做的事已得到了道德上的许可，就是正确的。

• 拖延是意志力最大的敌人。要提升意志力，你就需要不断刺激自己，培养自己做事的紧迫感。

• 不要对欲望视而不见，要敢于正视并善于掌控它，这样你就会变得更加自律，更能以意志对抗那些不好的欲望。

第四堂课

掌控情绪，才能获得高效的自我

情绪的好坏，决定着一个人的健康状况、做事成败，甚至命运。好的情绪是我们受用一生的良药，掌控好情绪对我们来说也是意义非凡。只有掌握了调节情绪的方法，成为情绪的主人，我们才不会被情绪左右，才能控制自己的行为，使事情朝着好的方向进展。

1. 情绪失控，意味着一切失控

情绪，是情感的激越状态，是情感的反应形式。在每天的生活中，我们经常会有意无意地受到情绪的影响和控制。情绪既能使人精神焕发、充满激情、思维敏捷、干劲倍增，又可以令人萎靡不振、情绪低落、思路阻塞、消极怠惰。因此，情绪也就有了积极和消极之分。通常人们将积极的情绪称为正面情绪，将消极的情绪称为负面情绪。正面情绪主要包括喜悦、高兴、快乐、愉悦、兴奋等，对人有正向的、积极的作用；负面情绪主要指生气、悲伤、沮丧、忧郁、焦虑等，对人则会产生负向的、消极的作用。因此，对于积极的情绪要尽力发展，对于消极情绪则要严格控制。

不过，生活中有很多人都无法很好地控制自己的情绪。只要情绪一上来，就什么都不顾了，什么话难听说什么，什么事有伤害性就做什么事，甚至会做出违法乱纪的行为来。这就是人的情绪化。这种情绪化行为具有无理智性、冲动性、不稳定性、攻击性等特点。也正因为人的情绪化行为具有这些特点，才使这种行为具有不少消极特点。

2006年7月10日凌晨，世界杯决赛在德国柏林奥林匹克球场进行。法国与意大利向冠军发起最后冲击。比赛刚开始6分钟，马鲁卡就为法国队创造了一个宝贵的点球机会，齐达内一记巧妙的“勺子”命中点球，将比分改写为1：0。第18分钟，意大利的马特拉齐头球扳平比分。

就在加时赛下半场的第3分钟时，场上忽然出现了混乱。齐达内失去冷静，突然一头顶在马特拉齐的胸口上，导致马特拉齐顺势倒地，比赛陷入中断。在冲突发生前，不知马特拉齐对齐达内说了什么，瞬间激怒了这位足球艺术大师。主裁判和助理裁判在经过简单交流后，向齐达内出示了红牌，将其罚出场外。

就这样，这位享誉世界的足球大师以这种令人遗憾的方式告别了他的最后比赛。齐达内离场后，本来占据优势的法国队立刻陷入少一人的被动局面，最终痛失世界杯冠军。

由此可见，在追求成功的路上，最大的敌人其实并不是什么外部条件或缺乏机会，而是缺乏掌控自己情绪的能力。因为一时的坏情绪，齐达内不仅自己被罚出赛场，还导致整个法国队失去掌控赛场的能力，最终惨遭失败。这种因一时情绪失控而导致满盘皆输的案例，给我们的教训是十分深刻的。

能够成就大业的人，都知道一个永恒的秘诀：弱者任由思绪控制行为，强者让行为控制思绪。想要在工作中表现得更出色、生活中获得幸福，首先就要做一个能够掌控自我情绪的人，从而在理性思维的指导下辨别是非，获得高效的自我。

（1）承认自己情绪上的弱点

每个人在情绪上都有弱点，却不一定都能很好地认识自己的弱点或短处。为了能够控制情绪，我们先要了解自己的情绪，对于弱点不要回避或视而不见。只有知道自己有哪些情绪弱点，才能选择一些恰当的方法去克服它，战胜坏情绪对自己的影响。

- 当你即将出现情绪失控时，让自己深呼吸三次，问问自己：“我究竟在为什么发怒？”“这样做能否真正解决问题？”在弄清自己为什么情绪失控后，可能你会发现：停止发怒，寻找解决问题的方法才是当下最重要的。

- 坏情绪来时，不要回避或强行压制，可以向朋友倾诉一下；或将自己的困扰和不满情绪记录在日记里，让日记成为你倾诉的对象。有时情绪一旦宣泄出来，就会烟消云散。

• 情绪激动起来时，为避免立即爆发，可以有意识地转移话题或做些其他事来分散自己的注意力，把注意力转移到其他活动上，使紧张焦虑的情绪松弛下来。

（2）学会对自己的情绪负责

如果有人问你，你能对自己的情绪负责吗，你可能会说："情绪怎么能说控制就控制呢？"有高兴的事就乐，有伤心的事就哭，这是人之常情。

美国心理学家南迪·内森指出：通常人一生中平均有十分之三的时间处于情绪不佳状态，每个人都不可避免地与消极情绪做持久的斗争。试想一下，如果每个人都任由情绪发展，不对其加以适当的控制和疏导，那我们周围将会是什么样子？

所以，我们每个人都应该学会对自己的情绪负责，别让情绪脱离掌控。

• 遇到问题时，多看事物美好、积极的一面，这样就会让自己产生乐观的情绪。

• 不要过于苛求自己，也不要苛求自己所处的愿景，而是理性看待自己，适当地原谅自己。

• 学会转换思维看事情，遇到能解决的问题就立即想办法解决，遇到不能解决的问题，就立刻忘掉它。

（3）通过饮食控制情绪

很多时候，身体缺少一些必要的营养物质也会引起我们的情绪失控。下面的一些食物能够帮助我们更好地控制情绪。

• 烟碱酸。饮食中缺乏烟碱酸，容易导致情绪不稳、紧张、迟钝、易怒等现象出现，谷类、酵母、牛奶、瘦肉等食物中都含有丰富的烟碱酸，可适当多吃些。

• 维生素C。维生素C具有抗氧化作用，可清除因外在环境压力而产生的自由基。绿豆芽、柳橙、奇异果、甜椒等，是维生素C的重要食物来源。

• 钙。情绪焦躁不安时适度补充钙质，能产生较好的安抚作用。牛奶、小鱼干、酸奶、豆腐等食物都含有丰富的钙质。

• 镁。镁具有安定神经系统的效果，适当补充可帮助肌肉纾缓压力。平时可适当多吃些谷类、肉类、深色蔬菜、海鲜等食物。

• 锌。锌具有稳定情绪、减轻疲劳的作用，也是对抗氧化、提高免疫力的重要元素之一。蚝、蛤、蚵、肉类、全谷类等食物中含锌量较丰富。

2. 用意志来驾驭你的冲动情绪

就像有酒瘾的人喝酒一样，一旦喝了第一杯，就会一杯接一杯地喝下去，直至酩酊大醉。情绪冲动也是如此，人一旦控制不住自己的情绪，就容易陷入冲动愤怒的情绪中无法自拔。

一个人每天都要接触很多人，有时难免会发生一点“磕磕碰碰”。小摩擦处理好了，可以“化干戈为玉帛”；处理不当，就可能酿成大祸。大多数因冲动、易怒而引发的后果，都不怎么乐观。

心理学家认为，冲动是一种行为缺陷，是指由外界刺激引起的、突然爆发、缺乏理智而带有盲目性、对后果缺乏清醒认识的行为。而且，冲动是靠激情推动的，带有明显的情绪色彩，其行为缺乏意识的能动调节作用，所以也常常表现为行事鲁莽或感情用事，不能对行为的目的进行清醒的思考，也不会对行为的不良后果进行理性认识，只是一厢情愿、忘乎所以，其结果往往也是追悔莫及，甚至铸成大错。

1990年10月2日下午3点半左右，在美国爱荷华大学校园里，一个名叫卢刚的中国籍博士研究生，在爱荷华大学凡·艾伦物理系大楼三楼508室举行的天文物理研讨会上，终于抑制不住多年来的猜疑和嫉妒之火，用枪声发泄了自己的怨恨和愤怒，开枪打死了他的博士生导师格尔兹教授、史密斯教授，系主任柯尼森教授等六人。几名高级教授的遇害，导致美国的理论太空物理研究力量名存实亡，需要很长时间才能恢复元气。

经过调查，这位名叫卢刚的留学生有着很高的智商。在北京大学物理系毕业后，经李政道教授主持的严格考试，他从数百名佼佼者中脱颖而出，顺利考取了公派留学。在美国学习期间，他的功课也很优秀。但是，他性格孤僻，由于平时的一些琐事，对系里的几位教授耿耿于怀。而他又不善于处理自己的情绪，结果在冲动的情绪下做出了失去理智的行为。

人们生活中总有些不尽如人意的地方，也总会产生一些负面情绪，出现冲动易怒的情况。关键在于出现这些不良情绪时如何面对。如果我们能凭借意志力及时控制、排解掉这些坏情绪，积极地面对现实，那么就等于在处理情绪问题上上了一个新的台阶；若任由坏情绪发展下去，就可能导致雷霆大发。而人在发怒时需要消耗比平时多得多的能量。而因为大脑能量的损失，自控力会进一步被瓦解，就可能做出失去理智的事情。

其实，我们的情绪就像个顽皮的孩子，当你有办法驾驭它时，它就会为你的成功添砖加瓦；但如果你对它放任自流，它也会给你制造很多麻烦，甚至阻挡你前进的步伐。米开朗基罗曾说：“被约束的力才是美的。”对于情绪来说也是如此，一个人的情绪如果不能得到有效调控和驾驭，那么人就有可能成为情绪的奴隶，成为情绪的牺牲品。如果不想这样，就要做个控制情绪的强者，成为情绪的主人。

（1）有意识地控制冲动情绪

我们有时可能会因为某件事而感到痛苦、压抑，想要发泄，但其实让你痛苦的并非这件事本身，而是你的判断或思想。很多时候，我们的情绪受影响的根本原因在于自己看待事物的角度出现了偏差，而这些是可以控制的。所以，我们要学会有意识地控制自己的冲动。

• 当你想要发怒时，对自己以往的行为进行一番回忆和评价，想想自己的冲动是否有道理。如果认为自己以前发怒的对象和理由不合适，方法也不恰当，那么你以后发怒冲动的概率就会减少90%。

• 换一种角度看事情，对事情进行“重新判断”，即自觉地用一种比较积极的心态去看待别人对你的冒犯。比如，当别人嘲讽你时，若能对自己说“他是个幽默的人，喜欢开玩笑”，也就不至于冲动发火了。

• 想象自己的嘴巴上贴了一个“密封胶带”，反复告诉自己千万别发怒，否则就会“伤”到自己。

（2）用暗示、转移注意力的方法控制冲动

让自己感到愤怒的事，大多都是因为伤害了自己的尊严或切身利益，让人一时难以平静下来。所以，当你感到情绪十分激动、快要无法控制时，就要及时采取暗示、转移注意力等办法来自我放松，鼓励自己克制冲动的情绪。

• 忍不住要发作时，用食指和拇指做一个“魔力圈”的手势，放在自己面前，并暗示自己：“我绝不会因为这点小事生气！”“这根本不值得我发怒！”多进行几次，缓解自己的冲动情绪。

• 尽量推迟冲动发火的时间。如果觉得自己马上就要爆发了，就暗示自己：“10秒钟后再发作。”推迟10秒后，如果还是无法克制，就再次暗示自己：“再推迟20秒钟再发怒。”这样不断延缓冲动时间，直到我们完全稳定情绪。

• 找个地方坐下来平静一下，这个简单的动作可以帮我们抑制生理能量供应，转移注意力，降低发怒的程度与幅度。

（3）平时多进行一些与意志力有关的锻炼

强大的意志力可以帮助我们控制坏情绪，克服冲动。所以，平时可以结合自己的业余爱好和兴趣，选择几项需要耐心、静心的事情来做，不仅能锻炼自己的意志能力，还能丰富业余生活。

- 坚持每天早上跑步，不仅能锻炼身体，舒缓紧张、焦虑的情绪，对增强意志力也十分有效。

- 闭上双眼，慢慢地做深呼吸，通过鼻孔慢慢将气吸入，让腹部鼓胀起来，尽力屏气至能忍耐的限度为止，再缓缓用嘴和鼻孔同时将气呼出，同时放松全身肌肉。每天反复练习3~5次，既能缓解情绪，又能锻炼耐力。

- 平时多参加一些需要耐力的体育休闲运动，如打球、游泳、下棋、刺绣等，都能在一定程度上缓解负面情绪，增强意志力水平。

3. 永远别对自己说“糟透了！”

某机构对美国各监狱的16万名成年犯人做过一项调查，发现了一个惊人的事实：这些男女犯人中有90%的人是因为缺乏掌控情绪的能力，因此未能将他们的精力用在积极有益的方面，反而犯下错误，锒铛入狱。

要想做一个“平衡”的人，我们身上的热情和自控必须是平衡的。如果不能做到这点，就可能会经常受到坏情绪的困扰，成为情绪的奴隶。

我们身边很多人在遇到令人头疼的事时，都不知不觉地这样想或这样说：“真糟糕！”“这件事真是糟透了！”“好烦呀！”“怎么会这样！”“为什么我会这么倒霉！”……这些想法和话语，通常都是我们遇到困难后的反应，但它们也会成为我们给自己的心理暗示，直接带给我们更加严重的负面情绪，甚至会间接地影响我们的意志力水平。

其实不少人也知道这样想或这样说是不对的，遇到困难时就应坦然面对，积极寻找解决问题的方法，而不是消极抱怨，但情绪上来了就是忍不住。之所以如此，其原因就在于：这些负面的反应其实是你长期行为、思维活动的一种习惯，就像平时吸烟、喝酒、吃饭一样，你不可能一下子完全将它们从思维中清除出去，因为任何习惯性的思维都具有根深蒂固的特性。要改掉它们，真正掌控自己的情绪，就需要花费一定的时间，找到合适的方法才行。不过，一旦我们养成了积极的心态，即使遇到困难，也都能以正面情绪勇敢面对。

纽约的零售业大王伍尔沃夫青年时期非常贫穷。他在农村工作，一年中几乎有半年的时间都是打赤脚的。他创富的诀窍就是让自己始终保持积极、自信的情绪，从不用诸如“糟透了”“真倒霉”“真不幸”等消极思想和语言影响自己。

他先是借来300美元，在纽约开了一家商品售价统一为5美分的商店，曾经全天营业额还不到2.5美元，所以不久就倒闭了。后来，他又陆续开了4个店铺，有3个店铺也完全失败。

但是，伍尔沃夫在困难面前始终毫不气馁，反而更加自信地开拓经营，终于成为美国一流的资本家，建立了当时世界第一高楼，那就是纽约市著名的伍尔沃夫大厦。

其实不止伍尔沃夫，几乎所有白手起家的创富者，都有一个共同的特点，就是都具有积极的心态，遇到困难和挫折也从不以消极颓废的情绪面对，从而保证了他们不断克服负面情绪，战胜困难，走向成功。

所以，当我们在实现目标的过程中遇到挫折时，首先要注意的就是不要被自己的情绪打败。如果总是一味地强调“真糟糕”“真倒霉”等，不但不能缓解自己的坏情绪，还会因为负面情绪而影响我们解决问题的方法或决定。

（1）改变你的习惯用语

当你在生活中遇到麻烦时，也许经常会说“真糟糕”“我不行”“真是没办法”等负面语言。这些否定评判既不能解决困难，还会让自己的情绪变得更糟糕。

应用心理学强调，我们平常无意中所使用的语言，都可能对自己的情绪起到正负两方面的作用。如果你现在正受到自卑感的困扰，不妨改变你的这些消极的习惯用语，学会积极的自我暗示。

• 改变一些负面语言，比如：累了的时候不要说“我真累坏了”，而要说“忙了一天，现在心情真轻松”；遇到困难时，不要说“他们怎么不帮我想想办法”，而要说“我知道我将怎么办”。

• 把自己的那些丧气话、负面心理暗示等写在一张纸的左侧，这样可以随时知道哪些话语或反应影响了你的情绪。然后将相对应的正面、积极的话语或你觉得积极的想法写在右侧，中间用箭头表示你希望发生的改变。比如：“糟透了”→“我相信好事多磨！”

• 如果你的坏情绪已经产生，可以试着做点补救，做一点自己喜欢的事来化解这种情绪。比如：看一场电影、写一篇日记或与朋友聊聊天等，舒缓负面情绪。

（2）身处逆境时，尽量保持心态平和

每个人都不可能永远一帆风顺，都会遇到坎坷和困难。所以，遇到困难或身处逆境时，不要让坏情绪拖累你，尽量让自己保持心态平和，然后想办法解决难题。

• 不要反复想着那些不幸的事，也不要气馁、发脾气，更不要歇斯底里地发泄。

• 面对逆境时，鼓励自己尽可能表现得开心平和，或用小幽默来化解紧张焦虑的情绪。

• 凡事做好计划，从每一次的失败中吸取经验和教训，这样就能让你保持勇往直前、平和愉快的心态。

（3）经常让自己保持积极、愉快的情绪

习惯以好心情作为每一天的开始，可以让我们的情绪更积极、健康。因为让自己摆脱坏情绪最简单的方法就是说一些愉快的话，或讲几个有趣的故事，给自己积极、乐观的心理暗示。这样即使遇到糟糕的事，习惯性的好情绪也能让你尽快转变思路，缓解情绪。

• 早上醒来时，看着自己的家人，可以开心地对他们说："早上好。你今天看起来真不错！"还可以走到窗边，望着窗外，微笑着说道："啊，多么美好的早晨。"

• 平时尽量避免在话语中出现"穷""倒霉""糟糕"等词汇，即使"我不会是穷人"这样的话，目的虽然是积极的，但"穷人"的观念却会印在你的潜意识里。因此，不如将其改为"我一定越来越富有！"

4. 学会冷静地权衡利弊

著名生物学家达尔文认为，地球上的一切生命，只有能适应环境的才能取得生存的权利，否则就会被淘汰。"适者生存"，无论是生物界，还是人类社会，这都是适用的道理。适应，对每个人都是一个至关重要的话题，而对情绪来说尤为重要。

每个人都有七情六欲，也都会遇到情绪不佳的时候。有些人一遇到困难和挫折，立刻就会失去冷静，处理事情也不能慎重地考虑后果，想怎样就怎样，结果给自己带来更大的麻烦。

人在愤怒中是容易失去理智的，无所顾忌地宣泄情绪虽然很痛快，但也会留下隐患。自古不能控制情绪者也难成大事，多为输多胜少。三国时期，雄踞一方的蜀国，因关羽被杀，刘备按捺不住心中的怒气，一意孤行攻打东吴，致使蜀军惨败而归，从此刘氏基业开始走上下坡路。

所以说，遭遇坏情绪时一定要学会冷静地权衡利弊，控制自己的情绪。

如果坏情绪一来，你就想不计算后果地把它们发泄出来，让自己“痛快”一下，相信可能没有几个人到最后能真正实现自己的目标，获得成功。相反，如果我们能学会权衡情绪的利弊，那么也就能坦然地接受这些情绪，而且你还可能从这些坏情绪中获得人生的养料。

安泰人寿保险公司的经理周丽华进入寿险业仅6年就获得了无数的奖牌，每年还要前往美国领取“百万圆桌会议会员”奖。这可是寿险业中的最高荣誉了，台湾可以拿到这个奖项的人是非常少的。

但是，周丽华在刚刚进入保险业时也是饱尝羞辱。1993年底，周丽华跑到富邦证券门口拉业务，发现有位穿着黑大衣的中年人，看起来很像是黑社会“大哥”，前呼后拥地走入了富邦证券的大厅。周丽华就想：这个人应该购买一份医疗意外险，这样他的家人才有保障。她决定在门口等这个人出来。

一直到中午，这个黑衣“大哥”才缓缓地从里面出来，周丽华急忙跑过去递上自己的名片，同时很礼貌地问他：“请问先生要保险吗？”

让周丽华没想到的是，这位黑衣“大哥”顺手接过她的名片，然后将自己嘴里正咀嚼的槟榔渣吐在上面，随手一团丢在地上，并顺带附上一句“三字经”。

周丽华的眼泪一下子就流出来了。但是，她并没有当场发火，因为这样不仅不能为她挽回名誉和业务，反而还可能惹来更大的麻烦。所以，她忍住怒气，默默地走开了。不过，她的心中却浮现出这样一句话：“将来拿我名片的人会很有福气的。”

正是在这种信念下，脾气原本不是太好的周丽华很好地控制了自己的情绪，最终凭借强大的意志力获得了成功。

哲学家康德曾说过：“生气就是拿别人的错误来惩罚自己。”这句话也提醒我们：当我们遭遇坏情绪时，最好先让自己冷静下来，仔细想想，权衡利弊，别让自己受到不良情绪的伤害。这样，我们才能真正掌控情绪，将自己磨炼成一个意志力强大的人。

（1）有情绪时也要学会明辨是非

不论什么情况下，都要知道什么是对的，什么是错的，进而控制自己不好的想法或欲望，增强意志力。久而久之，即便在遭遇坏情绪的情况下，我们也能够凭借强大的意志力控制自己的情绪。

- 当他人让我们感到不悦时，一定暗示自己冷静下来，认真思考一下将情绪发泄出来能否带给我们正面的意义，或思考一下对方的本意，了解对方这种表达方式或习惯的缘由，这样坏情绪往往可以变成一种动力或理解。
- 学会用幽默的态度来面对糟糕的情绪，反而比发作更能让自己冷静下来。
- 平时就从一些小事上加强自律，比如排队时不随便插队，过马路时不闯红灯，在商场控制自己乱购物的念头，等等。只有知道“千里之行，始于足下”的道理，才能控制自己不做错事。
- 遭遇坏情绪时，也可以把自己的感受通过文字表达出来。因为写东西的过程可以帮助你走出负面的情绪，从而理智地对待问题。

（2）坏情绪也需要适当的宣泄

有情绪是正常的，每个人的一生中都摆脱不了坏情绪的干扰。不过，处理坏情绪也并不是一味地压制、堵塞，而是需要适当地宣泄和疏导。我们都知道，大禹治水之所以能成功，就因为他采取了疏导的方法。洪水来了，挡是挡不住的，只能引导洪水按照我们的意愿流向大海，真正达到治水的目的。

情绪也是如此。如果你在某个阶段遇到的挑战和承受的压力比较多时，也需要找一些适当的方法宣泄一下，这样才能将坏情绪赶出去。

- 音乐被称为“心理疗伤最有效的武器”，所以产生坏情绪时，不妨让自己完全沉浸于乐曲之中，让那些使我们不愉快的负面情绪随之淡化。
- 想哭时就哭出来，不要刻意压制。但哭泣之后一定要尽快调整心态，这样才能彻底走出消极情绪。

- 大声而专注地唱歌，有助于排解我们的负面情绪，同时还能帮助调整心态，让自己变得快乐、积极。

- 有氧运动有助于调节情绪，让人变得更加镇静。如游泳、慢跑、跳绳、快步走等运动，都可以成为我们的“情绪调节师”。

- 找一款可以让你完全投入其中的游戏，在全情投入打游戏时，你便无暇顾及那些让你感到不愉快的琐事了，负面情绪也会被宣泄出去。

5. 缓解情绪压力的有效法则

在这个社会上，不论是男人还是女人，年轻的还是年长的，几乎各行各业的工作者们都感到生存的艰难，竞争越来越激烈。如果说现在给你一笔钱，甚至足够你享用一生的，你还会满怀忧虑地抱怨吗？还会时刻感到自己身上的巨大压力吗？

每个人可能都很清楚答案是什么。如果留着这笔钱，你可能时刻会被盗贼盯着；投资做生意，就会有失败的风险；即使把这笔钱存起来，也许几年后还会大大贬值。这说明：就算得到了你想拥有的一切，你仍然会有压力。因为压力来源于我们的内心，让我们时刻感到疲惫，从而又滋生出恐惧、忧虑等负面情绪。

心理学家们曾经有过这样的论断：人们之所以会感到疲劳和紧张，有一多半是源于精神和情感因素。

英国著名的心理分析家德费，也在他的著作《权力心理学》中提道：“绝大多数我们所感到的疲劳，都是由于心理影响。事实上，纯粹由生理引起的疲劳是很少的。”

心理学家为什么会如此肯定地得出上述结论？导致人们产生压力的心理因素究竟有哪些？是快乐、兴奋、满足吗？当然不是！而是烦躁、紧张、焦虑、懊恼等不受欢迎的消极情绪。这些消极情绪所导致的负面心理，往往会让我们感到身心疲惫、充满压力。

所以，我们要想控制自己的情绪，首先就要消除这些负面情绪带给我们的消极影响，释放自己的压力。拿破仑·希尔曾经说：“任何一种精神和情绪上的紧张状态，完全放松之后就不可能再存在了。”如果我们能真正做到放松自己，也就能够减轻心理压力，得到充分的休息，从而获得更多的正能量，并最终实现成功的目标。

在《战地春梦》这本有关第一次世界大战的著名小说中，海明威说：“世界击倒每一个人，之后，许多人的心碎之处坚强起来。”俄国学者和诗人罗蒙索诺夫，原本是个捕鱼的青年，求学时一个拉丁字母也不认识，被人讥笑为“大傻瓜”，甚至就连他的老师也把他安排到最后一排，不时羞辱他。但就是在这种压力和处境下，罗蒙索诺夫后来成为一个大学者，并成为世界历史上第一个创立大学的人，被誉为“俄国科学的始祖”。

给我们造成情绪压力的因素有很多，但不论哪种原因导致的情绪压力，我们都要找到最合适的方法缓解。有些人往往会选择一些消极的方法来对待压力，比如吸烟、酗酒、吵架等，这样不但不能真正缓解压力，还有可能因为心理承受不住而做出让自己后悔的事情来。

所以，在遭遇情绪压力时，我们不妨重新定义自己，通过简单有效的方法来端正心态，缓解压力，做自己情绪的掌控师。下面，我们就给大家推荐几条缓解情绪压力的有效法则。

（1）以积极乐观的心态拥抱压力

法国作家雨果曾说过：“思想可以使天堂变成地狱，也可以使地狱变成天堂。”所以在遇到压力时，我们要认识到“危机即是转机”这个道理。处理压力的过程，其实也是我们增强能力、发展成长的重要机会。

研究发现，一个人常保持正向乐观的情绪，处理问题时就会比一般人多出20%的机会得到满意的结果。因此，正向乐观的态度不但能平息由压力带来的紊乱情绪，也容易将问题导向正面的结果。

• 以比较积极的态度面对压力，告诉自己：适度的压力可以帮助自我成长，提高意志力。

• 看一些调节情绪压力方面的书籍，可以是专业性的，也可以是自己喜欢的作品或故事等。

• 给自己积极的心理暗示，比如对自己说："虽然事情很烦琐，但总会一件件完成，着急上火是没用的。嗯，我现在感觉很不错。"这时，你的暗示就会引导你逐渐放松。

• 如果情绪十分糟糕，甚至担心自己快要抑郁了，千万不要躲在屋子里强迫自己工作或学习，到户外去走走，接受阳光的气息很快你就会发现自己变得乐观起来。

• 不论情绪多糟糕，压力多大，都要让自己每天保持充足的睡眠。如果前一天晚上没睡好，白天打个小盹也能让你重新获得动力，恢复良好的情绪。

（2）养成每天检讨自己的习惯

检讨自己，其实就是积极地进行自我对话和反省，是一种对自己的理性反思。这种方法可以帮助我们确定是什么刺激引起了我们的情绪压力，并且弄清自己有哪些做得还不够到位的地方，从而重新获得战胜情绪压力的动力。

• 面对压力时可以自问："没有做成又如何？"这并不是逃避的借口，而是一种有效疏解压力的方式。

• 写日记也是一种简单有效的理性反思方法，可以帮助你确定是什么原因引起的情绪压力。而且通过检查日记，你还能发现你自己以前是如何应对压力的。

• 感到疲惫时，问问自己：“我的工作真的那么复杂吗？是不是我自己把事情搞复杂了？”“我有没有做无用功？事情应该先重后轻。”当你的思路逐渐清晰时，压力感也会随之减轻甚至消失了。

（3）用“绿色疗法”来缓解压力

如果你想立刻让压力消失，最好现在就出门走走。科学家认为，5分钟的“绿色疗法”可以减缓压力，改善心情，提高注意力，增强意志力。

“绿色锻炼”指的是任何能让你走出户外、投入大自然怀抱的活动。而且它的好处还在于：你不需要进行太大强度的锻炼，也不用把自己搞得筋疲力尽；而且低强度的锻炼，如散步等，往往比那些高强度的锻炼更有效。

• 走出家门或办公室，在附近找一块最让你放松的绿色空间，让自己融入到大自然的怀抱当中。

• 播放一首自己最喜欢的歌曲，在附近缓缓地散步放松。

• 呼吸一下新鲜的空气，做几个简单的伸展活动，也可以进行慢跑、太极拳等比较轻松的活动。

6. 抱怨会让你的意志力流失

在这个世界上，有一个最基本的事实就是：任何一个人都不是全能的，做任何事也不可能做到十全十美。生活在这样的现实世界里，遇到不如意的事情也是难免的。工作不顺心、人际关系处理不当、健康状况欠佳等等，都可能会导致我们情绪低落、心态消极。如果一个人长期被消极的情绪所包围，就会感到压力巨大，潜意识也急于寻找一个宣泄的出口。此时，抱怨不满就会滋生。这虽然不能让坏情绪得到真正的舒解，却能让我们为自己的糟糕处境找到一个合理的借口。

抱怨是一种强烈的不满情绪，严重时甚至会驱使人做出破坏性的行为。很多人都会感到自己在抱怨宣泄时，似乎更加强大有力并且无所畏惧。但是，这种强大的力量却不是正能量；相反，它是驱使人们做出错误行为的负面能量。而且，抱怨不但不能让人的正能量和意志力增强，反而还会吞噬你潜在的能量，让你的内心充满空虚、怨恨，无法体验到满足和平静。

其实，牢骚也好，抱怨也罢，都是因为所抱持的心态不对，看问题的角度有偏差，或者潜意识当中可能埋藏着某些失败、伤心的记忆或不堪回首的经历。但是，这并不意味着你要以理性思维将其发掘出来，时时观瞻把玩，陷入它们带给你的痛苦之中。

著名哲学家罗素，年轻时曾一度厌恶生命，认为命运对自己不公，想要自杀。但后来，他却成了一个无比热爱生活的人。他说，每过一年，自己就对生命多一层热爱之情。究其原因，在于他不再只关注自己的过去，也不再像从前那样动辄沉浸在抱怨牢骚之中。他逐渐学会了宽容和谅解，并把自己的注意力集中在外部世界，开始关注人生的真理，并最终成为一名享誉世界的伟大哲学家。

以往的一些错误、失败及消极的经验，会自觉地在我们潜意识思维中留下痕迹，成为某种“反馈性资料”，从而对一个人日后的人生产生影响。这些资料的确可以起到一定的警示和教育作用，但这并不代表我们需要时时把它们挖掘出来体会品味，抱怨不止。因为这不但不能让你得到任何你想要的东西，反而还会浪费你的宝贵时间，吞噬你的正能量。而且，你本来想要做事的劲头也会被抱怨造成的坏情绪打消，你的意志力也会被削弱。

试想一下：如果我们停止这种毫无意义的抱怨，情况会怎样？我们可能会忘记过去的失败，继续兴冲冲地拾起工作，朝着目标前进，并最终得到自己想要的结果。其实很多事情都具有两面性，当你抱怨其中坏的一面时，就等于忽略了它好的那一面；而恰恰是好的那一面，能够让你获得更多的成功和快乐。

所以，与其每天抱怨不休，还不如好好思考一下如何完成下一个目标。而且，当你真正学会思考问题时，你的抱怨会越来越少，你将会获得越来越多的快乐，意志力也会越来越强大。

（1）转换思维方式看问题

所有的绊脚石都是垫脚石，就看你如何看待它了。如果总是不停地抱怨，不去想解决问题的方法，那么绊脚石也永远只是绊脚石而已。相反，若能坦然接受现实，它反而能教导我们某些事情，帮助我们学到很多安逸的状态下学不到的东西。也就是说，停止抱怨，善于利用坏情绪，转换思维方式看待问题，同样能帮助我们克服困难，发现自身的力量。

- 当外界环境或他人让我们感到不悦时，让自己暂且冷静下来，认真思考一下这种环境是否能带给我们正面意义，或思考一下他人的本意。弄清了这些，坏情绪往往也能变成一种动力。
- 生活中出现困难时多想想这个困难带给你的教训和经验，这也是一种收获。
- 遭遇失败时，不要只顾着抱怨命运的不公，而应努力让自己转换思维，找到自己身上的优缺点，对自己有一个正确的认识，从而做自己可以胜任的事。
- 当你感到信心不足时，也不要抱怨自己没能遇到好机会、没有好的出身等，多看看那些不如你的人，再想想自己身上的优势，帮助自己迅速恢复信心。

（2）进行“感谢”练习

什么是“感谢”练习？很简单，就是让自己从心里学会接受现实，改变自己遇到困难时的反应，将抱怨的情绪和话语转变成一种感谢。这个原理与用正面话语替代负面话语的道理一样，因为抱怨也是一种对事物的心理反应，只不过更具体一些。

• 当你遇到麻烦时，不要抱怨，而是感谢上天给予你这样的机会，可以让你做更多的事。比如，飞机晚点时，不要说："真是讨厌，我要坐在候机室里等多久呀！"而应这样对自己说："感谢飞机晚点，我可以继续看看手上的资料，多做一些准备功课。"

• 当别人误解你时，也不要抱怨，而应对自己说："感谢他的误解，这说明他很在意我。"这样，你对对方的怨气也会烟消云散，反而努力让自己做得更好。

• "感谢"其实也是一种换位思考，当我们能做到这样时，就能够化干戈为玉帛，化消极为积极，发现生活中的更多美好。

（3）积极地进行自我反省

有些人经常将生活中的不如意挂在嘴边，固执地认为是命运与自己过不去。因此，他们的抱怨总是强调外在因素，而没有从自己的主观因素上寻找生活不顺的原因。

事实上，遇到任何问题我们都应该先平心静气地正视自己，客观地反省自己。这既是一个人修性养德必备的基本功之一，也是掌控情绪、增强意志力的一条重要途径。所以，当有抱怨情绪产生时，首先应静下心来，积极地进行一下自我反省。

• 每天下班后，对自己当天工作完成情况、自己的工作表现等都进行认真的总结。无论结果好与坏，都不要抱怨，而是认真思考自己在这一天当中的收获。

• 每周都对自己一周的生活、工作状况等进行一个总结反省，看看自己有哪些事情做得不够好，人际关系有哪些变化，工作上还应该有哪些提升，等等。

• 也可以在每个月的月底对自己该月的表现等进行总结和反省，思考一下在下个月自己有哪些地方需要改进……这些都可以让你远离抱怨，接近成功。

7. 不要拿别人的错误惩罚自己

相信大多数人都有过这样的经历：真正生气时，伴随着心跳的加速，体内荷尔蒙的上升，我们似乎完全失去了对自我的控制，情绪调节能力也完全失效，而事后回想起来时，往往又感到很后悔：“我是想控制自己的，但就是控制不了啊！”是啊，控制不了，怎么办呢？

事实上，生气发怒是人的一种本能，也是有利于人类生存的一种本能。当我们受到威胁时，怒气会自然地激发，而伴随着怒气，人自身也会释放出比正常情况下大得多的能量。这种能量可以帮助我们更有效地对抗危险，保护我们不受伤害。所以，在一定程度上来说，生气是人类不可或缺的伙伴，也是我们生命的保护者。

但是，凡事都有两面性。生气虽然有它比较积极的一面，但若遇到一点小事就不加控制地任由怒气泛滥，将会导致与我们所期望的相距甚远的结果，甚至做出一些极端的事情来。

心理学家研究表明，每一个拒绝、侮辱或无礼的举止，都会给人的情绪埋下隐患。在这些隐患不断积淀的过程中，人的急躁程度不断上升，直到最后，人的自控能力被“最后一根稻草”摧毁，对情绪完全失去控制，导致怒火迸发，此时也最容易做出失去理智的事情，最终给自己带来麻烦。

在美国西部的草原上，有一种身体很小的吸血蝙蝠，但它们却是野马的天敌。这种蝙蝠时常附在野马身上，用尖利的嘴巴刺破野马的皮肤，吸取鲜血。无论野马如何蹦跳狂奔，都对小小的蝙蝠无可奈何。终于，野马因为暴怒和失血，无奈地死去了。

蝙蝠从野马身上吸取的血液极其有限，真正导致野马死亡的原因是它的暴怒。人类也是如此，如果不能控制自己的情绪，让怒气像决堤的洪水那样淹没理智，最终也会做出失去理智的蠢事，结果用别人的错误惩罚了自己。

事实上，生气这种坏情绪并非不可控制，关键还在于我们的意志力。通过提升意志力，可以达到控制心跳速度及体内荷尔蒙含量的目的，进而控制我们的情绪与行为，这就是控制自我的奥秘。不仅仅是对于生气如此，对于其他的情绪、情感等也是如此。

卡尔是某政府的一位高级官员，他遇事不乱的心态很得同事们的欣赏。平时对于来自媒体和反对党派的攻击，他都不会生气，而是一贯泰然处之，照旧执行自己的执政方针。据说，他每天早晨起来后都要在椅子上静坐一刻钟，让大脑完全处于平静。对此，他的解释是："这可以让我唤起潜意识中的巨大力量，去对付来自各方面的压力和烦恼。"

有一次，他的一个同事大半夜给他打来电话，说有一小撮人正在密谋要搞垮他，可他的回答竟然是："现在我睡得正香，这件事还是等明天上班后再谈吧。"

在卡尔看来，只要他在情感上对各种压力、烦恼、恐惧等都不以为意，就可以控制自己的不满和怒火。这样一来，外界任何足以让人感到愤怒、冲动的消息，在他身上都不会发生作用，也不会让他感到生气。

除了卡尔的这种控制生气的方法外，下面几种方法相信对你也能有所帮助：

（1）先问问自己："这种气该生吗？"

心理学家专门对生气做过研究，结论令人吃惊：人们在日常生活中所生的气，大多数是不该生的。比如，在马路上被人无意中撞到了，在饭店用餐时服务员失手弄脏了你的衣服，孩子不小心打碎了东西……这些都属于不该生的气。如果你因为这些小事而感到气恼，就要平心静气地承认自己的缺点——度量太小。

• 在生气发作前，问问自己："这是否值得生气？"如果回答是"不值得"，那么马上暗示自己放松心情，摆脱怒气干扰。

• 即使某件事真的让你感到生气，也要先暗示自己冷静下来，弄清让你生气的真正原因是什么，如何才能挽回损失。积极寻找解决问题的方法，永远比抱怨、生气更实用。

• 对于一些流言、小道消息等，不要去听，即使听到了也不要轻信，更不要因此而生气，否则就是自讨苦吃。

（2）让自己主动消气

有人提出了一个控制怒气的很好的方法，即生气不超过3分钟。当然，说起来简单，做起来却不容易。因为人在生气时好钻牛角尖，这也是消气的障碍。为了克服这一障碍，不妨试试下面的方法：

• 立刻离开让你生气的现场和惹你生气的人，找个清静的地方让自己冷静下来。这种方法也称为“躲避法”。

• 找一位知心朋友或自己信赖的人，向对方倾诉一下自己的烦恼。当你将那些让你气恼的事情倾诉出去后，愤怒的情绪也会随之减少。

• 不要总是钻牛角尖，把事情往更坏处想。“这个人太讨厌了”或“我非得揍他一顿不可”，这只会让你更加生气。不妨换位思考，将心比心，控制你的怒火。

• 自己按摩肩部或太阳穴10秒钟左右，有助于减少怒气和缓解紧张情绪。

• 当你感到已经被气昏了头，将要破口大骂时，不妨运用一下幽默式的夸张想象，可以减缓或消除你的怒气。比如，想象让你恼火的这个人是一只大公鸡，有个巨大的尖嘴巴，正在喋喋不休地唠叨着。这样，你就会觉得自己的想象很可笑，气恼的情绪也随之消解。

8. 远离你身边的“意志力杀手”

在现实生活中，每个人身边都会有这样的人：他们不断地向你抱怨，喋喋不休地诉说着自己的不幸、命运的不公，向你传递着一些负面的情绪。可能你也有过这样的感受：听过他们的“悲惨”倾诉后，你的情绪也会随之变得消极、压抑起来。这说明他们的负面情绪对你的心理产生了潜移默化的影响。

人的情绪的确是很容易被传染的，不论传染给你的是消极的情绪还是积极的情绪。心理学上有一个名词叫“情绪链”，也被称为“情绪传染”。它指一个人的坏心情会影响到几个人的好心情。外国有人对此还画了一个十分有趣的连环画：

有个小男孩心情不好，在路边遇到一条小狗，便狠狠踢去，吓得小狗狼狈逃窜；受了惊吓的小狗看到一位西装革履的老板，便朝他狂吠起来，导致老板的心情也十分糟糕；而心情欠佳的老板到公司后，向他的女秘书大发雷霆；女秘书回家后，又把怨气撒给了她的丈夫；第二天，这位身为教师的丈夫到学校后，狠狠地批评了班里一个不长进的学生；而这个被批评的学生，就是昨天踢狗的那个小男孩。被老师批评后，小男孩怀着沮丧的心情回家，路上又碰到了那只小狗，于是他又一脚踢向小狗……

可见，别人的坏情绪是会影响到我们的。所以，当我们在努力地学习掌控情绪、训练意志力时，一定要注意远离那些心态消极的人。他们与外界的诱惑和干扰一样，会对你的意志力造成极大的伤害，成为你的“意志力杀手”。

事实上，我们身边有一半以上的人都是生活不积极、缺乏目标的人。他们总是怨天尤人，感慨命运对自己的不公，或者每天抱着得过且过、消极颓废的想法。与这些人在一起，我们能得到什么呢？

有的人可能会说：我有自己的目标，我不会被他们所影响的。真是这样吗？首先，当这些情绪低落的“意志力杀手”靠近你时，他们会向你传递一些负面的信息，影响你坚持做事的决心。

比如，当你正积极地做着储蓄计划，为自己的将来打算时，你的朋友坐在你的身边，不停地向你诉说生活的种种不幸，如生活压力太大、货币会不断贬值、谁知道明天会发生什么不幸……听着听着，你仿佛也感同身受，随之情绪也变得低落。这时，你的潜意识里就会产生一种想法：远离痛苦和压力，及时行乐。而购物和享乐确实可以让人远离痛苦和压力，于是你最终放弃了自己的储蓄计划。这个结果，一定是你开始时不想看到的吧？

其次，心态消极的人还会占用你大量的时间和精力，耗损你的热情和积极性。因为这类人总是希望你的意识观念与他们一样，所以他们会不停地游说你：努力工作是没用的；成功只属于少数人，而你只是个平凡人；不要胡闹，你应该安分守己地过日子……

试想：如果每天都有人这样在你耳边吹风，你还能有多少积极性和热情去工作、去打拼、去实现自己的梦想？

当然，我们不能让别人按照我们的思维方式思考和行事，也不能要求身边的人时刻都情绪高昂，对生活充满激情，但如果一个人见了你后，总是抱怨生活不如意，老板太刻薄，工作太辛苦，或整天向你哀叹自己的运气多差，生活对自己多不公平……倘若你无法帮助他们改变态度，那么就尽量远离这种“意志力杀手”。否则，就算你对坏情绪的“免疫力”再强，也不能保证长期与其在一起而不受一点负面影响。

（1）隔离负面情绪的干扰

心理学家研究发现，人在心情愉快时，体内会分泌出更多的人体咖啡——内啡肽，从而让人感到更加快乐，做事的积极性也更高。所以，当你感到别人的负面情绪可能会影响到自己时，不妨将自己与这些负面情绪隔离开来，远离它们对你的影响。

- 尽量远离那些带给你负面情绪的人，与情绪免疫力较高的乐观人士增加接触机会，让自己多接受乐观情绪的感染。

- 如果实在隔离不开负面情绪，就把注意力转移到自己感兴趣的事情上去，比如散步、看电影、读书等，终止不良情绪对你的干扰。

• 不要一味地被动接受别人的要求和指令，适当时可以根据自身的情绪状态拒绝别人不合理的安排。

• 遇到坏情绪的干扰时，也不要强行压制，可以及时与他人沟通，表达自身感受，同时努力寻找适合自己的发泄情绪的方式，如运动、听歌等。

（2）凡事都要有自己的主见

纳粹德国某集中营的一位幸存者维托·弗兰尔说过："在任何特定的环境中，人们还有一种最后的自由，就是选择自己的态度。"在我们的人生当中，许多事情都需要我们自己决定、自己面对。无论是自己要走的路，还是要追求的目标，甚至是自己的情绪，都需要我们有主见，不能轻易受到别人的影响。

• 当与你在一起的人比较消极时，你可以安慰他，尽量向对方传递正面情绪，但不要被对方拉入消极的旋涡。

• 如果你的朋友或家人不停地在你身边抱怨他的不幸，你可以多想想自己比他们好的地方。比如，你的老板还算慷慨，你对自己的薪水还算满意，你的身体还很健康，等等。找到自己身上比别人幸福的地方，也就不容易被别人的坏情绪所干扰了。

• 当别人指责或批评你某些事做得不对时，不要急于发作或反驳，认真考虑一下自己的做法。如果坚信自己是对的，那么就不要被对方影响到情绪。

（3）学会向别人传递积极情绪

当事情出现差错或问题时，人们往往下意识地去寻找解释的理由。这样，就免不了责怪他人或自责，陷入情绪的破坏链。

但是，当我们指责他人时，一只手指指向别人，另外的三只手指却同时指向了自己。如此一来，责备和受责备的人都会因此而产生负面情绪，陷入冲突和消极情绪的连锁反应。

事实上，指责和自责都不会带来任何积极的效果，只有学会自控，学会向他人传递积极的情绪，才能让彼此都不会被坏情绪所困扰。

• 当你想指责别人时，先问问自己：“如果我遭到别人的指责，心里第一感觉是什么？”由己及人，你就比较能控制自己的坏情绪了。

• 以接纳和包容的态度与对方交谈，不仅能得到对方的尊重，还能彼此一起努力，积极地寻找解决问题的方法。

• 在日常生活中，经常写信、拜访或打电话给需要帮助的某些人，向他们显示你的积极情绪，并把你的积极情绪传递给对方。

意志力修炼小结

• 弱者任由情绪控制行为，强者让行为控制情绪。

• 利用意志力及时控制、排解坏情绪，可以让你在处理情绪问题上更上一层楼。

• 不要让一些负面的、抱怨的话语成为你的口头禅，把这些负面语言换成积极的、正面的语言，你就会感到自己正在变得乐观起来。

• 掌握几个能帮你控制情绪的有效方法，让它们成为你调整坏情绪的帮手。

• 远离那些经常会有坏情绪的人，不要让他们把这种不良情绪传染给你，影响你的意志力水平。

第五堂课
建立积极的心理机制，让意志力强大起来

所谓心理机制，是指人的心理的构成要素及其发挥所用的方式。在意志力训练中，积极的心理机制可以帮助我们摆脱负面能量，让我们的行为不断受到积极的刺激，从而增强意志力，使我们可以充满激情地面对生活中的每一次挑战，实现人生的卓越与完美。

1. 别让消极摧毁你的意志

心理学家曾做过这样一个实验：让一名实验对象观看一张一群青少年正在沼泽地区挖地的图片。当这名实验对象心情忧郁时，他这样描述道："生活真是一场无休止的苦役。这么小的孩子，就要承担这些又脏又重的体力活，他们的家长都干什么去了？这真是一片可怕的黑色土地！"

还是这张图片，还是这名实验对象，在他情绪焦虑时，他这样描述道："我真担心这样的劳动会伤到孩子们的手脚。一旦出现意外，真不知道会出现怎样的悲剧。旁边沼泽地的水恐怕不浅吧，万一孩子不小心滑下去……"

依然是这张图片，依然是这名实验对象，当他心情愉悦时，他这样描述道："一切看起来都很有趣，让我想到了自己夏天时在大自然中劳动的场景。这是对生命的热爱，是一种无法比拟的快乐！"

同样的一个人，在不同的情绪状态下，对同样一项事物竟有如此不同的反应，真让人觉得不可思议！

其实，事物还是那个事物，不同的只是我们的心态。人与人之间本来只有很小的差别，却往往会造成很大的不同：很小的差别就是所具备的心态是积极的还是消极的，巨大的不同就是成功与失败。这也说明，在通往成功的道路上，能否拥有一个积极的心态，将直接影响着你对周围事物的理解，以及你能否获得实现目标的意志力。

有一个名叫西尔维娅的美国女孩，从小就梦想着当一名节目主持人。她觉得自己具有这方面的才干，而且身边的人也都很喜欢与她交谈。她经常对朋友们说："只要有人给我一次上电视的机会，我相信自己一定成功。"

但是，她并没有任何实现理想的行动，只是等待奇迹的出现，希望一下子就当上电视节目主持人。结果，她就这样不切实际地期待着，最终什么奇迹也没出现。

同时，另一个名叫辛迪的女孩，与西尔维娅有着同样的理想。但她不像西尔维娅一样，整天等在家里，期待机会突然降临，而是到处谋职，跑遍了洛杉矶每一家广播电台和电视台。遗憾的是，电台和电视台都以她没有主持经验为由拒绝了她。

辛迪并没有放弃，继续到洛杉矶之外去寻找机会，最后终于在北达科他州一家很小的电视台应聘成功，成为一名天气预报主持人。在这里工作两年后，她回到洛杉矶，在电视台得到了一份满意的工作。五年后，她终于得到提升，成为梦想依旧的节目主持人。

从上面的故事可以看出，人们通常都把自己失败的原因归咎于别人，其实很多问题都出在自己的身上，由于自己的消极等待和无所作为而一事无成。

消极的心态往往会令人消沉、懒散、拖延，并最终摧毁你的意志力，让你的潜能难以发挥出来，最后只能庸庸碌碌，虚度一生。相反，积极的心态却能产生惊人的力量，让你的思维充满创造的活力。当你的思维高速运转时，愉快乐观的感觉也会充满你的身心，你所做的每一件事情也将会在这种积极的情感体验中获得成功。

好运气就像是一匹脱缰的野马，而它只屈服于乐观与勇气。你的潜意识中也储藏着一切力量，如果你能用积极的心理机制将它激发出来，并尝试去运用它们，那么最终成功必将会属于你。

（1）淡化你的负面想法和感觉

负面的想法也是消极情绪的一个重要来源。如果你不想被消极情绪打败，就要学会将这些负面的想法和感觉转化为成长的机会。

可能你会发现，很多曾让你感到抓狂、苦恼的事，过一段时间后再回忆时发现它们其实并没有多严重。所以说，要想不被消极的情绪所左右，就要学会淡化这些负面感觉，让自己尽快忘掉不愉快的事，学会“大事化小，小事化了”的技巧。

• 从检视自己一天中有多少负面感觉开始。比如：你是否说过“这太不像话了！”“太气人了！”等负面的话？如果有，就问问自己：“这些事到底多重要？”“现在还会让我感到气恼吗？”继而再告诉自己：“我不会再为这种小事生气了。”

• 当下次再有负面想法和消极情绪出现时，就在脑海里回想以上的问题，并问自己：“我是否应该把精力放在更有意义的事情上？”以这种思维看待不如意的事，就会多些愉悦，少些烦恼。

• 不要夸大或强化你的负面感觉。比如，你或许只是第一次受到老板的批评，但心里却想：“老板总是批评我，我做什么都不能让他满意。”“总是”“一直不能”等情绪化的负面想法会强化你的消极情绪，不利于你客观地看待事物。

• 遇到感觉不好的事情时，尝试调整自己的感受，试着换一种正面的态度重新考量。比如，被老板批评时可以这样想：“他只是对我所做的这件事不太满意，其他时候对我还是很肯定的。”这样一来，你的态度也会变得更加客观、积极。

（2）运用正面的心理暗示

正面的心理暗示是一种被人们广泛运用的心理调节技巧。比如，著名的“罗森塔尔效应”就是一种广为人知的权威性暗示。积极的心理暗示可以让被暗示的对象精神大振，从而起到安抚身心、提振能量的效果。

• 当你遭遇失败时，停止紧张、担心、怨恨，尝试冷静地观察自己的内心深处，然后将观察结果真实地向自己诉说出来，这样可以令你的紧张心情得到释放。

• 把每次失败或不顺利都当成最后一次，暗示自己："这是最糟糕的一次，不会再有比这更糟糕的事发生了。""既然最糟糕的情况都发生了，我还有什么可害怕的呢？"

• 给予自己积极的心理暗示，比如："我的坏运气已经走了，我该否极泰来了！"这种正面的暗示可以帮助你增强安全感，提升自信心。

• 还可以借助"预热暗示法"调整身心。比如，当周一早晨你还未从"周末综合征"中摆脱出来时，就先不急于工作，可以先与同事交流一下，或查阅一下上周的工作报告等，用积极的自我暗示"预热"后，再以充满能量的姿态投入工作。

2. 控制焦虑，打破与生俱来的不安

焦虑，被认为是21世纪最可怕的精神癌症之一，也是一种非常复杂的情感反应。在焦虑状态时，恐惧、紧张、忧虑等负面情绪，都会被一定程度地放大。人的精神是经不起这样长时间的亢奋的，因此焦虑也容易导致神经衰弱等问题。

那么，焦虑到底是什么东西？心理学家认为，焦虑其实就是一种大脑里的思维程序，这种思维程序很容易让人把还没有发生的事情提前化、画面化、感觉化，甚至体验化。所以，一个容易被焦虑所困扰的人，他的思维链也非常强烈，往往可以根据一句话、一件事情或看到一个画面等可能的刺激，产生焦虑感。

通常来说，人们所焦虑和担忧的事情并不是客观存在的威胁，而且常常

也没有明确的对象。但处于焦虑中的人却总是处于一种惴惴不安的状态，无理由地预感将来会发生什么不幸的事，因此也往往坐卧不安、魂不守舍、烦躁慌乱、情绪低落，甚至还可能引发一些疾病。

焦虑的最大杀伤力就是它会破坏你的专注力，让你无法集中心绪，失去当机立断的判断力。所以，控制焦虑首先就要释放压力，让紧绷的思绪和注意力放松下来。

在美国南北战争的最后几天，北方军队的指挥官格兰特将军围攻瑞奇蒙长达9个月，李将军率领的南方军队饥困交加，终于被打败了。战争行将结束，李将军的士兵放火烧毁了瑞奇蒙的棉花和烟草仓库，还烧了兵工厂，然后在烈焰腾空的黑夜弃城而逃。格兰特乘胜追击，从左右两侧和后方夹击南部联军，另派轻骑兵从正面截击，又拆毁铁路线，缴获了补给车辆。

这时，格兰特却忽然感到剧烈头痛，眼睛也半瞎了，跟不上队伍，只好停在一户农家前。“我过了一夜”，他在自己的回忆录中写道，“把双脚泡在加了芥末的热水里，还把芥末药膏贴在手腕和后颈部，希望第二天能够痊愈。”

第二天一大早，格兰特将军真的好了。可让他痊愈的并不是什么芥末药膏，而是一个带回李将军投降书的骑兵。

“当那个军士来到我面前时，”格兰特写道，“我的头痛还很厉害，但当我看完那封信的内容时，我就全好了。”

显然，格兰特将军是因为焦虑、紧张和不安才生病的。一旦从情绪上恢复放松，想到他的成功和胜利后，他也立刻就好了。

70年后，富兰克林·罗斯福总统的财政部长亨利·摩根索也发现，焦虑会令他头昏眼花、呼吸困难。他在日记中写到，为了提高小麦价格，总统下令在一天内买进12万吨小麦，这让他非常焦虑。他说：“事情没有结果之前，我头昏眼花。我回到家里，吃完晚饭后只睡了两个小时。”

由此可见，焦虑会把人折磨得很难受。大部分人遇到焦虑的情况时，都能较快地恢复到正常状态，也能很快排除困难，闯过难关，并总结经验教训，避免下次重蹈覆辙。但对于一些处境一直困难或遭遇不幸事件冲击的人来说，面对这种情况可能会有些招架不住，他们可能因此而陷入过度疲惫之中，一直担心再次发生突发或意外事件，哪怕并没有什么依据和征兆。

要想真正控制并摆脱这种负面状态，最有效的办法就是让自己建立起积极的心理机制和强大的意志力，对外界的困难和不利环境尽量保持内心的平和。林语堂在他那本广被阅读的《生活的艺术》中写道："思想上的真正平和，来自接受最坏的情况。从心理而言，我认为这就意味着能量的释放。"所以，在面对困难和不幸遭遇时，尽量让自己的心态平和下来，致力于寻找摆脱焦虑的方法，这样才能打破那与生俱来的不安。

（1）找出让你焦虑的根源

有时我们往往不知道自己为什么会焦虑，而这又会使我们更加焦虑。结果许多烦恼交织在一起，剪不断，理还乱。

事实上，这些烦恼看上去千头万绪，但仔细分析后并不难找出焦虑的根源。当我们找到让我们焦虑不安的根源后，就能对症下药，知道如何控制焦虑了。

• 当你感到焦虑不安时，不要强行压制或发泄，而应让自己冷静下来，先找到导致自己焦虑的诱因。

• 被焦虑困扰时，一定要弄清自己思维习惯中的一个关键词是什么。也就是焦虑时，你会对自己说什么，比如"好烦呀""糟透了""真讨厌""怎么办"等。如果导致你焦虑的是这些语言中的一个，就把这个语言找出来。然后在这个词的后面加上同样数量的其他词，作为负面能量的一个卸载词、转换词或正面强化词。比如，"好烦呀、好烦呀"，两个"好烦呀"，那就需要同样数量的卸载词，如"好烦呀，怎么办；好烦呀，怎么办"，或者转换为"又怎样、又怎样"。以这样的方法卸掉大脑中"好烦呀"这个负面的能量，焦虑也会随之扔掉了。

• 如果导致我们焦虑的根源是某个画面，也不要强迫自己忘记这个画面，而应坦然地接纳、面对，这样反而更容易让你从焦虑中摆脱出来。

（2）从客观的角度看待问题

要缓解焦虑，首先就要平心静气地面对让你焦虑的问题，对最可能出现的最坏情况有一个充分的心理准备，尝试假设你完全有能力将最糟糕的结果承担下来，然后再集中精力找到能避免最糟糕情况出现的对策。

• 通过自问自答的方式，帮助自己从客观角度看待问题。比如问问自己："这件事对我来说有多重要？""它值得我如此担忧吗？""我是否有些反应过度了？"

• 做个深呼吸，并设想一下这个问题可能造成的最坏结果是什么样的，发生最坏结果的概率有多高，并假装自己完全有能力承担这个最坏的结果，让自己紧绷的身心放松下来。

• 理清这些问题后，再为自己制订一个消除焦虑的行动计划，并按照计划认真去落实，这样你就没有多余的时间和理由再去焦虑了。

3. 那些无法控制的事无须担心

有这样一个小故事：

死神来到一个村落里，对那里的人们宣布："明天我要来带走一百个人的生命。至于是哪些人，谜底就留到明天再揭晓吧！"

第二天，当死神再次来到这个村落准备带人的时候，意外地发现村落里一夜之间死了一千个人。

由此可见，为那些自己无法控制的事情而担忧的破坏力何等之大！

哈里伯顿曾说过：“怀着忧愁上床，就是背负着包袱睡觉。”尽管如此，仍然有很多人的大脑中都充满了忧虑。这些忧虑的情绪也是无孔不入，让人挥之不去。比如，我们是不是经常这样有这样的担心：“考试不及格怎么办？”“被老板解雇了该怎么办？”“最近感到不舒服，会不会得了什么不治之症？”……

纵观人类历史，人们总会因为战争、地震等灾难，或人为的压迫和侵害而对自己的生存问题忧心忡忡。即使是现在这样的和平年代，这些问题也仍然让人无法摆脱。不仅如此，日趋增加的犯罪率、激烈的社会竞争等所带来的精神压力，让我们的忧虑可能比以往的时候更多。

那么，这些我们所担心的事情到底有没有意义呢？厄尼·泽林斯基在他的《懒人非常成功》一书中写道：“我们所担心的40%是根本不可能发生的事情，30%是曾经发生在过去时的，12%是关于健康的一些不必要的顾虑，10%是关于日常琐碎的担心，而剩下的8%中的4%则是我们能力范畴之外的事情。”

这样算来，有96%的担忧其实都是没有必要的，只有4%的担忧才略有价值。既然如此，我们为什么还总是担心那些自己根本无法控制的事情呢？

原因在于这种担忧和顾虑一旦出现，就会产生恶性循环。担忧可以导致精神紧张，从而让我们的内心产生不安和恐惧；而这种状态又会越来越强烈、反复地催生出更多的担忧。结果，担忧变得越来越严重，还直接消耗着我们的身体能量及意志力。

而现实的情况是，担心并非起源于外界的危险信号，只是源于我们内心的非理性想法，是我们在潜意识里对生活提出了更高的期望，希望自己总能一帆风顺。但同时我们又很清楚，生活并不会是一帆风顺的，挫折和困难随时都会光临。这两种矛盾的观点无法调和，就会导致烦恼的产生。

有一个旅行者，在苏格兰北部遇到了一位老人。老人正坐在墙边晒太阳，旅行者走过去问老人说：“明天的天气怎么样？”

老人看也没看天空一眼，就回答说：“是我喜欢的天气。”

旅行者又问："会出太阳吗？"

"我不知道。"老人回答。

"那么，会下雨吗？"

"我不想知道。"老人又回答说。

旅行者被老人给搞糊涂了。

"好吧，"他说，"如果是你喜欢的天气的话，那会是什么天气呢？"

老人抬头看了看旅行者，说道："很久以前我就知道，我是没有办法控制天气的。所以不管天气怎么样，我都会喜欢。"

既然很多事情是我们无法控制的，那么不妨保持一种乐观的态度。马克思说："一种美好的心情，比千服良药更能解除生理上的疲惫和痛楚。"古代学者董仲舒也说："仁人……外无贪而清净，心和平则不失中正，取天地之美以养其身。"也就是说，对于那些无法控制和改变的事情，我们无需过分担心。善于保持积极乐观的心态，不但能平息我们担忧，还可能让我们遇到的问题获得圆满的解决。

（1）随时拥有乐观的心态

每个人都处在一定的社会环境和自然环境中，长期以来，我们已经习惯于认为是环境制约了我们。其实，真正制约我们的并非环境，而是我们的心态。在通往成功的路上，是否有一个良好的心态，直接影响着你对周围事物的理解。

• 多想象一些积极的生活场景。比如：担心自己被老板炒鱿鱼时，就设想自己通过努力工作获得了晋升；感觉自己工作太多、压力大，担心应付不来，就想象自己躲在一间大玻璃屋子里，所有的压力被挡在了外面。

• 提高自信心，远离周围那些负面的信息和评价，多接近那些能传递给你正能量的朋友。他们的乐观、向上及对你的支持，可以成为你摆脱担忧、增强信心的动力。

• 对一些本来就无法避免且不会出现转机的事情，不要白费力气去担心了，顺其自然就好。

（2）保持严格的“自律”

严格地要求自己，并能明确自己的目标。当你明确地知道自己要做什么的时候，60%的担心和忧虑就消失了。在付诸行动之后，剩下40%的担忧也可以消除。努力控制自己的思想，找到解决担忧的最可行办法，并按照这种办法立刻去做，即可将所有担忧都消除。

• 选出一些具有你想要拥有的心态或性格的人，再想象一张会议桌，把你所想要模仿的这些人全部聚集到会议桌旁，和你坐在一起。

• 向自己证实或暗示“我正在形成他们身上所具有的那些乐观、积极的品质”。

• 闭上眼睛，控制你的思想，让那些你想成为的人物形象占据你的头脑，并将自己的思想引向你头脑中的那些人物，以一种不受限制的信心去感觉你确实在心态上正向你所选择的人物靠近。

（3）运用“吸引力法则”，选择快乐的生活

畅销书《秘密》中讲述了一个关于心想事成的秘密：“你生活中所发生的所有事情，都是你自己吸引来的！是你头脑中所想象的图像吸引来的。那些事情都是你的思想所导致！不管你大脑中想什么，你都会把它们吸引过来。”

这就是著名的“吸引力法则”。这并不是一种自我催眠的方法，而是说当你的心态改变了，你选择了快乐，那么忧虑也会随之消失，你也必然能拥有快乐的能量。

• 让自己时刻保持对生活的热情。想象一下，我们从生活中得到的远比付出的多得多：阳光、雨露、微风、虫鸣、鸟叫……只要善于发现生活中的乐趣，快乐也会唾手可得。

• 做一些自己感兴趣的事，也许它们不能给你带来多少物质财富，但是能让你从中收获到数不胜数的精神财富，让你体会快乐，忘掉烦恼。

• 享受平凡简单的生活，理解生活中有成功、有失败，有开心、有失落，有幸福、有磨难……既然这些都是必然存在的，又何必自寻烦恼去过分担忧呢？

4. 驱除不自信的情结

自信，就是时刻都相信自己所具有的能力。对于自信，高尔基是这样说的："满怀自信的人，无论何时何地，无论何种情况，都满怀希望和信念，积极投入地生活。最后，也必定能使生活如自己所想。"

然而，"我不行了""我坚持不下去了""我的能力太差了"等等，却是我们听到或说过最多的话。在这些话语及这种心态的影响下，我们失去了一次次的好机会，放弃了很多本该完成的目标，自然也遭遇了一次次的失败和挫折。

导致人生失败的原因有很多，而其中最致命的原因就是我们的不自信。即使机遇就在身边，也不敢相信那是属于自己的，迟迟不敢伸手去抓住。我们被自己薄弱的意志力打败了。仔细想想，很多时候你放弃努力时，你的内心其实并不想这样做，但你那薄弱的意志力让你丧失了追求成功的勇气，最终只能承认失败。

> 1951年，英国生物学家富兰克林从自己拍摄的X射线照片上发现了DNA的双螺旋结构。他原本想要就此发现做一次学术演讲，但总是感觉缺乏自信，因此踌躇再三，最后还是放弃了。
>
> 1953年，科学家沃森和克里克也发现了同样的现象，他们迫不及待地向世人展示了这一新发现，并由此提出了DNA的双螺旋结构假说，从而为生物科学翻开了新的一页。后来，两人还因此获得了1962年度的诺贝尔医学奖。

每个人都可以成为现实中的成功者，但首先你需要在内心肯定自己拥有成功的潜质，这样你才能看到一个自信满满、胸有成竹的自己，然后你所接受的也是"我现在做得很好，我未来可以做得更好"的自我暗示。这种积极的自我暗示可以让你备受鼓舞，从而更加急切地想要表达自己。如此一来，你的意愿也会产生强大的推动力，让你立即采取实际行动，去塑造更加优秀的自己。

所以，一些人不能获得成功，并不是他们不够优秀，而是他们不相信自己的能力，不相信自己能变得更优秀。当你在大街上看到一位笑容满面、信心十足的推销员时，你肯定会想："他一定非常优秀"，"他的业务也应该做得很成功"。之所以让你产生这种感觉，就在于一个能够认可自己、相信自己的人所具有的魅力。这种魅力吸引了作为潜在顾客的你，而吸引更多的潜在顾客，也会让他的业务更加成功。

意念决定行动。一个人如果想成功，深藏在潜意识中的无穷力量就会帮助他去不断地完善自己。这样的人，时刻会以一个成功者的标准去要求自己，并愿意做出改变。这种潜在的力量拥有强大的感召力，促使他迈向自己渴望的人生。相反，有些人不愿意改掉那些消极懦弱、不够自信的自我意识，因而也让失败根深蒂固。

因此，不论你的处境如何，也不管你现在从事什么职业，只要你能够改变自己的消极观念，驱除内心中那些不自信的情结，充分挖掘自己的潜力，你的潜意识就会跳出来与你并肩努力，从而让你的生活发生意想不到的变化。

（1）相信自己，才能把握命运

法国作家罗曼·罗兰说："先相信自己，然后别人才会相信你。"不错，自信是一个人事业取得成功的阶梯，以及驱使他不断前进的动力。

在许多成功者身上，我们都看得到这种超凡的信心。正是在这种信心的驱动下，他们在失败中看到希望，敢于对自己提出更高的要求，并不断努力，最终获得成功。

如果你是个不够自信的人，不妨用以下几种方法来提高自己的信心。

- 每天不断给自己加油打气，鼓舞自己，对自己说"我行""我正期待着""我这次干得很不错"等话语。当你自我感觉良好时，自信就会来到你身边，提高你的意志力。

• 当自己获得一些成就时，要对自己说："这是我努力的结果。继续努力，我会做得更棒。"强化你的正向行为，会增强你的信心和继续前进的动力。

（2）通过潜意识培养自信心

是否具有自信心，是影响事情成败的重要因素。倘若我们犹豫了，对自己丧失信心了，就将失去机遇、失去成功、失去幸福。

树立信心的前提就是要战胜自己大脑中的不自信的情结。心理学家认为，不自信其实是一种自己想象中的缺陷所致，以为自己没有能力、没有希望。其实，想象中没有希望（可能实际上并不存在）不是多余的吗？既然"不自信"是想象中的事物，我们就可以通过潜意识来战胜它，培养自己的信心。

• 战胜不自信情结的途径就是分析自己的不自信心理，然后溯本求源，追根到底，排除心理障碍。

• 正确评估自己的才能与特殊技能，不妨将自己的长处都写在纸上，然后客观地分析、把握自己的才能。比如，自己会写文章、善于应酬、语言幽默机智等。如此一来，我们就会发现自己原来颇有能力。

• 对自己的缺点不要宽容，而是要认真、努力地改正。比如害怕在大庭广众下讲话，那就应该找机会锻炼自己在大庭广众下讲话的能力。

• 努力完成每一项工作，从工作中找到自信。而提升了信心后，工作完成得也会更出色。这是一种连锁反应，同时又是我们向成功迈进的催化剂。

（3）掌握一些提升自信的小技巧

英国心理学家克列尔・拉伊涅尔就如何提升自信心，提出了下面几条小技巧：

• 每天的早中晚各照一次镜子，整理自己的仪表，以对自己的仪表感到满意。

• 多想自己的长处，忽略自己的缺陷，不要总把注意力集中在自己的不足上。

• 不要总是指责别人。经常指责别人恰恰是缺乏自信的表现。

• 凡事不要急于表现自己，学会沉默是金。

• 别人取得了成就要给予真诚的赞赏，不要装作不在乎。这恰恰能成为你提升自己的动力。

• 拥有一个能在任何情况下都陪伴你的朋友，这样失败时你也不会感到孤独无助。

5. 清除潜意识中逃避生活的想法

“一个人成功与否，就看他能否突破自我，找到潜在的能量！”这是著名成功学家拿破仑·希尔的一句话。而要找到那“潜在的能量”，就必须善于掌控自己的生命力，增强你的意志力。只有意志力足够强大，我们才有力量、有信心突破自我，释放出巨大的能量。

然而，要掌控自己的生命力，增强意志力，做起来却很不容易。不少人可能都有过这样的感受：明知道意志力对自身的成长和进步有着重要作用，但就是不能控制自己，自己的行动也不能听从于意志的指挥。这让他们不禁感慨：“增强意志力真的这么难吗？”

英国著名的心理治疗师温迪·德莱登和杰克·戈登在其所著的《情绪健康指南》中，提出了“生活逃避式想法”这个概念。它的意思是说：在我们每个人的潜意识中都存在着这种想法：“生活不能太艰难，否则就不如逃避算了，我根本无法为了长远的幸福而忍受现在的痛苦。”

如果你现在正处于一帆风顺、步步高升的状态，大概你不会产生这种想法，甚至觉得这种想法很可笑。但事实上，在我们很小的时候，这样的想法就进入了我们的潜意识。

举个最简单的例子来说明吧。当我们还是个婴孩时，我们需要满足吃、喝、睡眠、温暖等欲望和需求。如果这些需求不能被满足，我们就很难生存下去。所以，这时我们的父母就会满足我们的这些需求。久而久之，我们的潜意识就会产生这样的认知：我们所需要的一切都必须很快得到满足。而且由于各种不适感会很快在父母的关怀下消除，所以我们的潜意识也会认为痛苦与不适会很快被舒适与快乐所取代。

然而我们渐渐长大后就会发现，世界是不会把我们的需求放在首位的。要满足自己的需求就必须要等待，还需要自己去努力创造。从需求立即被满足到需要等待、需要努力付出才能得到满足，这个过程是艰难的，也是每个人成熟前都必须要走的一段旅程。

遗憾的是，不是每个人都能成功地走过这个历程。有些人一体会到生活的艰辛和不易，品尝到一点痛苦与失败，就立刻对自己说："我不行的，我做不到，这对我来说太难了！"因此，他们也认为"生活不能太艰难，否则就不如逃避算了，我根本无法为了长远的幸福而忍受现在的痛苦"。在这种想法的影响下，这些人也开始变得懒散、逃避、拖延，甚至稀里糊涂地混日子。

这是多么可悲的一件事，竟然还没有努力尝试就把自己否定了，这样的人当然不可能有成功的机会。事实上，如果我们肯花一些时间，付出努力，是完全可以改变这种状态的。我们仔细分析一下就可以知道，逃避生活的想法其实非常不理性。因为生命中本来就有很多不如意，你不可能要求生活完全按照你期望的样子发生，这是自然规律。但如果你能理解生活本来就充满艰辛的道理，生活也会变得不那么艰难。正如斯科特·派克在《荒无人烟的道路》中所说的那样："生活是困难的，这是一个伟大的真理，最伟大的真理之一。它之所以是一个伟大的真理，是因为一旦我们看到这个真理，我们就会跨越这个真理。一旦我们知道生活是困难的——那么就会变得不再困难。一旦承认这一点，生活是困难的这件事就变得无关紧要了。"

"你的未来是你想象的样子"，也就是说，你的意识会作用于行动，并对你生活的方方面面产生影响。如果你接受了“生活是困难的”这个现实，并愿意忍受暂时的艰辛与不易、痛苦与失败，继续主动追求成功，那么你成功的概率也要高得多。

（1）去除你对失败的恐惧

一些人之所以产生想要逃避生活的想法，根源就在于害怕失败，既不愿意屈服于现实，又不敢真正去尝试，对生活充满不安和无力感，甚至对自己的能力持怀疑态度，认为任何事都不可能顺利完成，也不相信自己可以获得梦想中的成功，于是只好退而求其次，拥有些许成果就止步不前了。

很多人都会被这种想法打败，但其实大多数人根本没必要如此担忧。每个人的人生都会有诸多不如意，没有付出积极的行动，想成功显然是不可能的。如果我们能在遇到困难时，抛却害怕和担心，勇敢行动起来，朝着自己奋斗的方向前进，你会发现：原来挡住前途的墙壁并没有那么坚硬，我们完全可以破除这道墙壁，赶走对失败的恐惧。

• 将生活中让你感到恐惧、想要逃避的事情认真写下来，然后将这张纸锁在一个你不常用的箱子里，告诉自己：“我将所有的恐惧都寄存在这里，现在我要去做我必须做的事。等我忙完后，我再来取回我的恐惧。”

• 或者将你所恐惧的事按着由轻到重的顺序列成表格，越具体越好，分别抄写在不同的卡片上，并将最不会让你逃避的场面放在最前面，最令你想逃避的放在最后面，按顺序将卡片排好。

• 放松身心，保持自然的深呼吸，让身体进入松弛状态，然后拿出第一张卡片，想象上面那个你想要逃避的场景，越逼真越好。如果感到不安、紧张，就停下来，深呼吸，让自己再次放松。完全松弛后，再次想象刚才失败的情景。如此反复，直到卡片上的情景不再让你感到害怕、想逃避为止。

• 以相同的方法继续想象下一个场景。当想象中的场景不再让你感到不安、紧张或想逃避时，就可以按照由轻到重的顺序在现实生活中进行锻炼了。

• 如果在现实生活中遇到这些事时仍然感到不安，同样让自己进行深呼吸、放松，直到自己可以完全接受为止。

（2）对自己保持充分的自信

只有当一个人相信自己能够克服困难、走向成功时，他才会倾向于凭借自己的坚强的意志去取得最终的成功。科学研究也证明：一个人对生活的想法越积极，就越有可能获得成功；相反，如果总是想要逃避生活，害怕遇到困难，那么遭遇失败的机会也就越多。

• 在思想中保持旺盛的思维活力，反复告诉自己，你应该并将要得到你所追求的未来。

• 在大脑中不断重复铭记你应该而且必须成功。拒绝头脑中冒出来的负面念头，藐视“我坚持不下去了”“我可能会失败”的想法。

• 即使遭遇失败，也不要不停地自责和批评自己，这会严重打击你的自信与自尊。与其如此，不如静下心来，寻找失败的客观原因，以及战胜失败的方法等。

• 在实现梦想的道路上，不论遇到任何困难，都不要想着“放弃”两个字，这样才能让你全力以赴、目标专一，释放出强大的意志力。

6. 控制浮躁，才能掌控好运

在一些人的心灵深处，总有那么一种力量左右着他们，让他们茫然不安、无法宁静。这种力量就是浮躁。

浮躁是一种不良的心理状态，也是一种非常不可取的生活态度。个性浮躁的人，做事往往缺乏恒心，见异思迁，对目标的专注力和耐力明显不够，不愿安下心来踏实地做事，只想着如何能够投机取巧，以最短的时间、最少的付出获得最大的成果。

浮躁心理的产生与外界环境的变化有着很大的关系。如今的信息社会，我们每天都不得不面对大量信息处理的压力。《哈佛商业评论》报道，当各种信息压得我们喘不过气，我们又不能区分优先次序时，浮躁心理就会出现。我们不但不能集中精力做好一件事，反而会变得冲动、烦躁、着急上火。这时，人们往往想着自己应该睡得更少一点，工作更努力一点，留在办公室的时间更长一点。可这样一来，我们大脑的情况会变得更加糟糕，做事的耐心也被消耗得越来越少。

与此同时，各种不良的社会风气也在侵蚀着人们的身心，如拜金主义、享乐主义等。在这种情况下，人们很容易变得患得患失、好高骛远起来，对自己的现状不满足，但给自己制定的目标又过于不切实际，难以实现。于是，终日处于又忙又乱的应急状态中，脾气日益暴躁，神经越绷越紧，内心也逐渐浮躁起来。

大家对“谭木匠”这个品牌都比较熟悉吧？“谭木匠”这个品牌的创始人谭传华，以一把小小的木梳打开了商业市场，成为一名成功的企业家。然而，成功后的谭传华，在各种诱惑面前也曾变得膨胀和浮躁起来，并因此出现了一次失败的投资。

有一次，谭传华在几个朋友的怂恿下，决定投资拍摄一部方言电视剧。在投资了250万元后，这部电视剧曾一度给他带来不小的惊喜：那年春节前，好几家电视台都打电话预订这部电视剧，以至于公司的两部联络电话都被“打爆了”。但谭传华“明显感觉以后还会有更大的买家找上门”，于是决定再等等。

然而春节过后，公司的两部联络电话却再也没有响起。无奈之下，谭传华只好以150万元的价格勉强卖掉了这部电视剧。这一次投资，谭传华损失了100多万元。

这是对谭传华的一个教训，让他意识到了自己的浮躁。经过这件事后，他给自己定下了方向，那就是不能走“多元化”发展的道路，而应该专心他的治木特长。他说：“我们不想做大公司，我们只想做好公司，只想把‘谭木匠’办成百年老店。”

做事热情饱满，甚至凡事跃跃欲试，并不算什么坏事，因为生活本来就需要激情和信心。如果每天懒散拖沓，对人对事都毫无热情，那样的生活只会是一潭死水，毫无意义。

不过，对生活的激情也要讲究方式方法。激情用在积极的心态上，是一种成功的动力；而很多人所表现出来的浮躁，却是一种对激情的错误运用。也就是说，浮躁的人并不缺少对生活的激情，缺少的是合理分配和利用激情的能力。浮躁导致意志力丧失，做事缺乏理智和耐心，过分追求短期效益，因此也容易半途而废，使原本积极的心态因为失败而变得消极颓废。就像梁实秋所说的那样：“为迫切完成某事而心浮气躁，就容易导致言行过分。”

成功与失败，往往就在坚持与否的一念之间。许多成功人士的重要秘诀，就是他们将自己全部的精力和耐心都放在一个目标之上。而失败的人当中也不乏聪明、智商高的人，但由于心浮气躁，做事不专一，缺乏意志力和恒心，结果也只能是一事无成，空留遗憾了。

（1）锻炼你的耐心

要消除浮躁，耐心必不可少。缺乏耐心，也就等于失去了成功的机会。但耐心并非天生具备，往往需要在实践中进行积极的锻炼。

• 学会循序渐进地做事，一次不要贪大、贪多，要安下心来一步步地完成，把精力放在如何做好这件事上。

• 遇到困难时不要急躁，保持冷静，然后思考一下怎样才能最大限度地降低损失。找到办法后，要马上行动。

• 日常生活中也可进行一些能锻炼耐心的事情或活动，比如下棋、钓鱼、刺绣等。

（2）不要放大自己的能力

我们不得不承认，有时我们的能力是非常有限的，对于许多事情都是无可奈何的。所以，面对外界的诸多信息和吸引时，不要过分放大自己的能力，什么都想涉足，什么都想抓住，结果只能在现实中到处碰壁，一事无成。

• 客观地评价自己的能力，既能欣赏自己的长处和优点，也能接纳自己的缺点和不足。

• 做自己能力所及之事，不要让你所追求的目标超过自己的能力范围，结果无法实现，落得个失败的下场。

• 不要害怕自己的缺点。只有充分认识到自己的不足，才能不断提升自己，获得更完美的自我。

（3）每次只专注于一件事

每个人的精力和意志力都是有限的，当你手头同时有许多待办事情时，你几乎无可避免地会产生焦虑浮躁的感觉，做这件事的同时还想着另一件事，所以这件事也会做得毛毛糙糙，只想着快点完成。这也是导致工作效率低下的原因之一。

世界上一些最具有创造力和最有效率的人，却拒绝让他们的大脑承受过多的信息洪流。美国著名的金融顾问苏沙·奥马说：“我一次只做一件事，做好它后，我再做别的。”要提升我们的意志力，克服浮躁的心态，我们也要学会每次只做一件事。

• 在你的注意力焦点上，每次只能容纳一件事，所以把你所有的注意力都集中在对一件事的思考和完成上。

• 尽量完成一项工作后再开始另一项，切忌有头无尾。

• 不要让突然而来的想法、消息等影响到你手头的工作，可以先把这些记录下来，等有空时再考虑。

• 如果是需要较长时间的重要工作，应安排大块的完整的时间来进行，避免时断时续的工作方式耗损自己的耐心和意志力。

7. 取消对自我能力的怀疑

对自己的能力不过分夸大，适当地进行自我怀疑，是我们心灵的一种思维形态，对成功也是有一定帮助的，可以在一定程度上督促我们努力改进自己、提升自己。

但是，这种自我怀疑一旦过度，甚至变得无休止的时候，就会给自己带来严重的沮丧、自卑情绪。我们身边可能也不难发现这样的人：这些总是怀疑自己能力的人，做起事来缩手缩脚；做事前也经常犹豫不决，反复追问自己“我这样做对吗？会不会犯错？会不会失败？”；面对别人的意见时，也是表现得毫无主见，无法坚定地去完成一件事。

这种频繁的自我怀疑一定会消磨人的意志力和雄心壮志，让你陷入消极悲观、失望恐惧的深渊之中，有些人甚至就这样毁掉了自己的人生。试想一下，如果你在做某件事之前，总是不停地问自己：“这样行吗？能行吗？会不会……？”你一直都在怀疑自己的能力是否足以完成这个任务，那何不立即行动，让自己尝试一下呢？怀疑的目的是要寻找答案，而不是无休止地否定自己。如果让自我怀疑束缚了行动，停滞不前，那你就永远都不可能真正打消疑虑。只有行动了，你才能最终知道自己的能力到底行不行。

美国的世界游泳冠军摩拉里，少年时心中就充满了梦想，梦想自己有一天能成为一名世界游泳冠军，登上奥运会的最高领奖台。

1984年，摩拉里参加了第一次比赛，在游泳项目中成为全世界最优秀的游泳者。但在洛杉矶奥运会上，他只拿了亚军，冠军的梦想并没有实现。

带着对梦想的追求，摩拉里重新返回游泳池，继续训练。这一次，他的目标是1988年韩国汉城奥运会的游泳项目金牌。出人意料的是，这次他竟然在比赛中被淘汰了。

与大多数人一样，摩拉里变得很沮丧，甚至也曾一度怀疑自己的能力。在这之后，他前往康乃尔去念律师学校。可读书的三年中，他始终无法抑制对游泳的渴望，虽然上一次的失败让他心有余悸。

在距离1992年巴塞罗那奥运会比赛不到一年的时候，摩拉里决定再尝试一次。此时，他已经算是一名高龄的运动员了，但摩拉里相信自己，一定有拿到冠军的能力。

有努力就有收获，摩拉里不仅成为该届奥运会上美国代表队成员，还赢得了初赛。他的纪录比世界纪录只慢了一秒多，这让他更加坚信自己的能力，他决心在决赛中创造一个奇迹。

最终，摩拉里成功了。那一天，他站在高高的领奖台上，颈上挂着令人骄傲的金牌，看着星条旗冉冉上升，美国国歌响起。凭着积极的心态，摩拉里最终实现了自己的梦想。

有梦想，敢于去追求，才有成功的机会。如果光是空想，没有行动，害怕自己能力不够，害怕失败，那么结果也一定是失败。成功人士的首要标志，就是他们拥有积极的心态。即使对自我能力有所怀疑，也会通过提升自己，战胜这种消极心态，朝着自己的梦想去努力。

（1）认真审视你对自我能力怀疑的想法

我们一直在强调，不要过高夸大自己的能力，要做自己能力范围之内的事，但并不代表不承认我们的能力。这只是在提醒你，要真正了解自己的能力。当接受某个任务或要实现某个目标时，适当的自我怀疑也是一种提升自我、改进自我的手段。但是，我们要认真审视对自我能力怀疑的这一想法，这样我们才能做出更加准确的判断。

• 每次当你对自己产生怀疑时，就把它们都记录下来，比如“也许这样做会失败”“我真是太高估自己的了”等等；然后分析你会在何种情况下产生这样的想法，是否有规律可循。

• 将你的怀疑和你行动的结果相对照，看看事实是否印证了你之前的怀疑。下一次行动前，再试着给自己一些肯定的评价，看看结果是否会与之前有所不同。

• 如果实在不能确定自己的想法是对是错，就搜集一些相关资料，让客观事实来帮你鉴别。比如，你对自己此次投资缺少把握，那么不妨认真研究一下相关信息，在此基础上尽量做出理性的判断。

• 多为自己提一些建设性想法，这样才能帮你改进自己，且不至于打击你的自信心。比如，当你怀疑自己的减肥计划能否成功时，不要对自己说“我会不会一直这样胖下去呀？”，而应告诉自己“明天我要配合积极的锻炼来减肥”。这种具有建设性的想法往往更容易帮你成功。

（2）接受现实，克服缺陷

有一种心理学流派称为“接受疗法”，其根据在于：承认自己正在受到某个问题的困扰，可以缓解该问题所能造成的负面情绪。（相反，否认某个问题的存在，或因为存在某种缺陷而不断自责，只会加剧问题。）任何人，哪怕是成功的企业家、超级富豪，也会有失败的时候。没有人是完美的，也没有人是全能的，认识到那些你所崇拜的人也存在这样或那样的不足，正是解决问题的关键所在。

• 仔细观察你周围的人，你会发现他们有那么多可能比你严重得多的缺陷、不足和不利条件。由此推算，你一定也能有所成就。

• 多想想自己身上的优点，并认真想一想如何才能让你的这些优点更加突出。

• 尽管你在某些方面有比较明显的不足，但也不要放大这些不足，因为这并不代表你是完全无能的，你一样可以在其他方面发挥长处。

• 接受自己不足的同时，别忘了努力提升自己，填补你在某方面的空白，让自己变得更优秀、更出色。

8. 用热情激活正能量

美国成功学大师拿破仑·希尔曾经说过："热情是一种意识状态，能够鼓舞和激励一个人对手中的工作采取行动，不仅如此，它还具有感染性，不只对其他热心人士产生重大影响，所有和它有过接触的人也将受到影响。"

拿破仑·希尔是这样说的，自己也是这样做的。他非常热爱写作，并且大部分的写作都是在晚上进行的。

有一天，拿破仑·希尔正专心地在打字机上打字，偶然间从书房窗户望出去，结果把自己吓了一跳，他看到了什么呢？

拿破仑·希尔住在纽约市大都会高塔广场的对面。从窗户望出去，他看到了似乎是最怪异的月亮的倒影，反射在大都会的高塔上。那是一种银灰色的影子，是他从来没见过的。再仔细观察，他才发现，那是清晨太阳的倒影，而不是月亮的影子。原来天已经亮了，他工作了整整一夜。可他太专心于自己的写作了，竟然连天亮都没有发现。

不过，拿破仑·希尔一点也不觉得疲倦，他又充满热情地继续工作了一天一夜，其间除了停下来吃点清淡食物以外，未曾停下来休息。

拿破仑·希尔的故事告诉我们：无论你打算做什么或正在做什么，都需要拿出你的热情来。一个充满热情的人，不论做什么工作，从事什么行业，都会认为自己的工作是一项神圣的天职，并对其怀着巨大的兴趣。在工作过程中，不管遇到什么困难，或需要付出多少努力，也始终能以热情激发出体内的正能量，让自己以不急不躁的态度去进行。只要抱着这种态度，任何人都能成功，也一定能实现自己的目标。

心理学家经过研究发现，热情有着一股不可思议的魔力。当这股力量被释放出来支持明确目标，并不断被信心补充它所激发出的正能量时，它就会形成一股不可抗拒的力量，并足以克服一切贫穷和艰难。一个人若能始终以热情的态度对待周围的一切事物，也常常能改变自己的精神面貌和整个生活，其中的思维与心境的变化也最为微妙，有的甚至可以看到生活中色彩斑斓的另一面。

爱默生说过："有史以来，没有任何一件伟大的事业不是因为热忱而成功的。"事实上，这不只是一段美丽的话语，更是迈向成功之路的路标。正如美职篮那句人尽皆知的口号"I love this game！"（我热爱比赛）一样，有了热情，你就有了能量和动力，也能够享受做事情的过程。

热情是一种非常积极、乐观的心理机制，可以帮助我们摧毁偏见和敌意，摈弃懒惰，扫除障碍，然后以燃烧一般的激情去做自己最想做的事，将生活中的各种事情和困难都当成一种乐趣，并始终乐在其中。

当然，热情并不是要你不知疲倦地工作，它是一种态度，一种乐观地面对人生的态度。所以，如果你也想充满热情地迎接每天的工作和生活，下面的几条建议也许能让你有很大的收获。

（1）让自己"装出"热情来

在我们感到情绪低落、缺少热情时，装出热情是从消极转向积极、获得正能量的最有效方法。不知你有没有注意到，当小孩子哭得眼泪汪汪的时候，人们通常会逗小孩子说："不哭不哭，来，笑一个吧。"结果很多小孩子虽然开始只是勉强地笑，但很快他们就会随着这个勉强的笑渐渐变得开心起来。这就是装出好情绪、重新获得热情最常见的例子。

所以，当我们感到心情低落、缺乏动力时，不放也让自己"装出"热情来，这时也许你会发现，自己的心情其实并没有那么糟糕。

- 当你感到压抑、没有任何动力和积极性时，不妨装着笑出来。可以对着镜子微笑，也可以开怀大笑，你会发现，很快你的情绪就高涨起来。
- 每天起床的第一件事，就是让自己笑一会儿，即使感觉很疲惫，心情很沮丧，也要把笑当成例行之事来做。
- 在"装出"好心情和热情的同时，还可以用积极的话语来激励自己、夸奖自己。比如每天上班前都对自己说："我今天信心满满！""我充满激情！""我是最棒的！"……只要发现任何自己做得不错的地方，都要给自己激励，这些话语会不断激发你的热情和能量。

（2）想象自己是一个充满激情的人

通过想象，我们的大脑和神经系统会对"环境"做出自动的反应，并促发潜意识思维产生效果。所以，如果能想象自己正以某种方式行事，我们就能够形成相应的行为、感觉和举止。这正是潜意识思维具有的某种"创造性机制"的结果。

- 想象自己是一个对生活和工作充满激情的人，并在头脑中想象我们所要达到的目标和结果，从而激发出我们体内的能量。
- 如果我们平时有些怯懦、畏缩，就想象自己在面对公众时镇定自若、潇洒得体的样子。
- 经常想象自己富有热情及成功的样子，我们的潜意识就会建立起新的"记忆"或相关存储数据，从而让我们获得满意的结果。

（3）到集体中寻找热情和快乐

一个正面、积极的团队是你热情的源泉。所以，不妨将自己放入一个乐观的集体当中，让自己从集体中感受到快乐与热情。

- 召集一些思想积极的人，每月聚会一次，一起讨论完成目标的方案，彼此激发动力。
- 在集体中学会主动帮助别人，比如做一些志愿性的工作，这种慷慨的付出也会让你获得真正的快乐。
- 尽量远离那些负面的批评，多接触那些能赏识你、正面评价你的朋友，他们的鼓励和支持可以给予你更多的热情和动力。
- 学会赞美你的同事、老板、朋友、家人等，找到他们值得夸奖的地方，用你的真诚去赞美他们。这样做的好处除了能增进你的人际关系外，也能让你变得更加热情。

• 与你的朋友、家人或同事一起参加一些具有挑战性的活动，比如登山、长跑等，既能锻炼自己的耐力，又能通过集体行动增加你克服困难的动力。

意志力修炼小结

• 负面、消极、焦虑等不良的心理机制，会大大削弱你的意志力。

• 当你感到忧虑时，要知道自己正在担心什么，然后找到解决这种担心最可行的方法，并按照这种方法去做，你就能把所有的忧虑都消除。

• 每个人都是在战胜自卑、建立自信的过程中成长的。所以，你有必要运用潜意识增强你的自信心，并掌握一些行之有效的增强信心的小技巧。

• 不论任何时候，都不要怀疑自己的能力。积极的心态，往往可以创造出巨大的意志力。

• 无论你打算做什么或正在做什么，都需要拿出你的热情来。

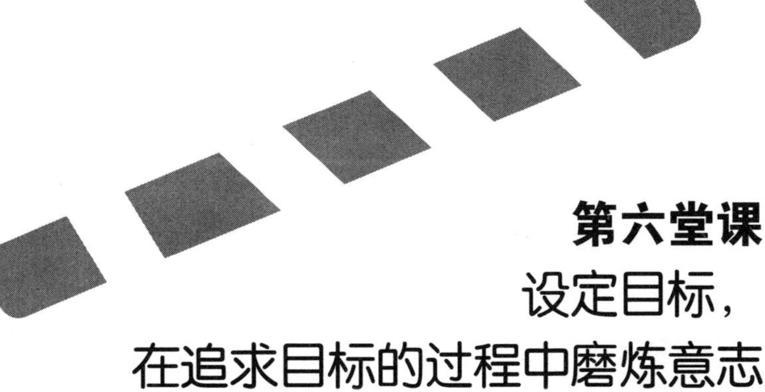

第六堂课
设定目标，在追求目标的过程中磨炼意志

一个看不到海岸线的人，很难坚持游到终点；同样，一个没有目标的人，也不可能体会到成功的价值。有了明确的目标，即使我们的起点与终点之间遍布着沼泽、荆棘，即使我们奔赴目标时头顶着风霜、暴雨，即使前路再黑暗，只要终点仍然在远处闪闪发光，我们就不会迷失，不会放弃。而在追求目标的过程中，我们的意志力也会得到有效提升。

1. 一切成功都始于积极的目标

曾有人做过这样一个很有趣的实验：组织三组人，让他们分别朝着10公里以外的三个村子步行。

第一组人不知道他们要去的村庄的名字，也不知道路程有多远，只知道跟着向导走。刚走两三公里，就开始有人叫苦，走一半时有人几乎愤怒了，有的甚至坐在路边不走了，越往后走大家情绪越低。

第二组的人知道村庄的名字和路段，但路上没有路标，他们只能凭经验估计行程时间和距离。走到一半时，多数人就想知道走多远了，有经验的人说："大概走了一半路程了。"于是大家又继续前进。当走完全程的四分之三时，大家都觉得疲惫不堪，而路程似乎还很长。但当有人说"快到了"时，大家又能振作起来，继续加快步伐。

第三组人不但知道村子的名字、路程，而且公路上每一公里就有一个路标，人们边走边看路标，每缩短一公里大家就会轻松一下。行程中，他们的情绪一直很高昂，所以很快就到达了目的地。

这个实验告诉我们一个简单却又十分重要的道理：目标在行动中扮演着至关重要的角色。不论做任何事，没有目标，就不可能有最后的成功。而当我们的行动有了积极明确的目标，清楚地知道自己想要什么、该如何实现时，行动的动机才会得到维持和加强，我们会自觉地克服一切困难，努力向着目标前进。

这个小实验，让我们想起了美国潜能大师伯恩·崔西曾说过的一句话："成功始于目标，其他的一切都是这句话的注解。"所以，要想获得成功，积极的目标是不可或缺的重要因素。

纵观古今中外有所成就和获得成功的人，无一不是有着积极明确的目标的人。设定目标的意义，就在于它可以为我们设定前进的方向，让我们清楚自己付出的行动会带领我们走向哪里；让我们知道哪些事情是重要的，哪些过程是必须的，从而合理地安排时间；通过目标，我们还可以预先看到结果，稳定情绪，从而增强完成目标的信心，磨炼意志力，克服行动过程中的困难，最终实现目标。

相反，如果你连一个明确的目标都没有，就说"我要成功""我要发财""我要做一个企业家"，很难想象你会有所行动，更难以想象你行为的最终结果是什么。就像上述实验中的第一组人一样，即使行动了，也是盲目地四处漂泊、心怀不满，越走情绪越低落。

一个进步的企业或组织，都会有10年甚至15年的长远发展目标。经理们也经常会问自己："我们希望公司在10年后是什么样子？"然后根据这个问题来规划后续的各项工作，并为之努力。一个新的工厂，不是为了适应今天的需求才创建的，而是要满足5年、10年甚至更多年以后的需求。各个研发部门，也会针对未来10年或10年以后的产品进行研究。

同样的道理，我们每个人都应该从这些企业学到一课，那就是：我们也应该计划5年、10年以后的事情。如果你希望自己5年以后有所成就，现在就必须制定积极的目标，并为之付出努力。这是任何成功人士在其追求成功的道路上都不能省略的一环。就像没有计划的生意会失败一样，没有目标的人也难以有所成就。

确定积极明确的目标可能不容易，甚至还包括一些痛苦的自我考验。但无论如何，它都是值得的。因为一切的成就，都是从积极的目标和对未来的期望开始的。有了目标，我们才能有斗志、有信心，才能为完成目标而努力开发我们的潜能。

（1）适合你的目标才是最好的

没有目标，人生就会失去努力的方向；没有明确的人生方向，人也容易迷失甚至误入歧途。但是，制定适合自己的目标也是一门学问。

在制定目标时，我们常常犯两个错误：一是目标定得太低，很快就实现了，人也容易渐生骄傲，不思进取；二是目标定得过高，虽然努力去做，却始终看不到希望，人慢慢就会对自己的能力产生怀疑，自信也会遭受重创，最后放弃努力。

可见，目标过低过高都不合适，只有适合自己的目标才是最好的目标。那么，如何来制定适合自己的目标呢？

• 对自己进行客观的分析，弄清自己追求什么，想要一个什么结果。

• 找出自己的优点和劣势，对于优点也要客观冷静地分析。比如，这些优点是否真的“优”？够不够“强”？易不易改变？需不需要加强？不要找出优点后就不理睬了，因为有些你认为自己以前能做好的，以后也许不一定能做好。而且如果你不能利用这些优点，那它也就无所谓“优点”了。

• 对于自己的劣势，要用自己的优点进行弥补。如果弥补不了，就看看别人是如何做到的。

• 如果是技术方面的不足，可以多学习有关方面的知识；如果是性格上的不足，平时可以积极锻炼自己。

（2）不断提高对自己的期望

我们在做事时，经常习惯于给自己设定限制。比如面对公司给你制定的季度任务，你可能想着按时按量完成就行了，不想超出很多。有了这种想法后，你的业绩通常也就刚刚完成，甚至最后根本没有完成。

给自己设定限制其实是一种很不好的习惯，非常影响你的潜能发挥。而破除这种恶习的重要方法就是不断提高对自己的期望。

• 接受一项任务后，自己也制定一个目标，把之前任务的目标提高一些。比如，领导要求你3小时内完成一项工作，你就给自己订立一个2小时完成的目标。

• 在新目标的激励下，努力集中精力，释放自己的潜能，争取在2小时内顺利完成任务。

• 在完成目标的过程中，要不断提高工作的熟练程度。即使你对你的工作有着很高的天赋，也仍然要不断提升自己、充实自己，以使工作技能达到炉火纯青的地步，为实现更高的目标努力。

• 当你在自己规定的期限内完成工作后，你也会重新认识自己的价值，并为此振奋不已，信心百倍。这种自信心达到一定高度时，你便不再需要任何界限，也能自动高效地追求你的长远目标了。

2. 确立明确可行的目标，才能实现它

法国总统戴高乐曾经说过：“眼睛所看着的地方就是你会到达的地方。唯有伟大的人才能成就伟大的事，他们之所以伟大，是因为决心要做出伟大的事。”

有远大的目标固然是好的，但还要注意目标的明确可行性，即目标必须是能够实现的。只有明确可行的目标，才具有行动指导和激励的价值。如果目标模糊不清，或者缺乏现实基础，最终只能沦为虚幻的空想，既不能激励我们的行为，也不能帮助我们获得成功。而且，由于目标距离现实过于遥远，无论怎么努力都达不到，还会让我们失去前进的意志和勇气。

美国前财务顾问协会总裁刘易斯·沃克，有一次在接受一位记者的

采访时被问道："究竟是什么原因让很多人与成功无缘呢？"

沃克爽快地回答说："模糊不清的目标。"

记者露出疑惑的表情，沃克进一步解释说："我刚才问过你一个问题：你的目标是什么？你告诉我说，是有一天想在风景秀丽的郊区买一栋别墅。我可以告诉你，这就是一个模糊不清、不够明确的目标。我想请问你：'有一天'是哪一天？郊区又是哪一个郊区？郊区的别墅有各种各样，价格也各不相同，你想买什么样的？如果你不能明确地回答这些问题，我可以很明确地告诉你：你成功实现自己目标的机会并不大。"

"我的建议是，"沃克继续说，"如果你想实现自己的目标，就算5年内实现吧，你需要先算出你想买的那栋别墅现在需要多少钱，然后计算通货膨胀，估算出5年后这栋房子的价格；接着，你还得计算出为实现这个目标，你每月需要赚多少钱，然后衡量自己，看看现在自己能否赚到那些钱。只有经过此番计算，你才可能在不久的将来实现这一目标。否则，我认为你的目标是很难实现的。"

在许多管理类书籍中，我们都能看到关于确立有效目标的"SMART"原则，即目标的可行性与否，必须符合以下五个条件：

①Specific——具体的。

②Measurable——可以量化的。

③Achievable——能够实现的。

④Result-oriented——注重结果的。

⑤Time-limited——有时间期限的。

如果我们再将其简化一点，便可将可行性目标的核心条件概括为两点：一个是量化，另一个是时间。

量化又可以分为两点：一是指数字的具体化，即如果你的某个目标能用数字来描述，就一定要写出精确的数字。比如，你要在5年内实现的收入状况，就可量化为150万元、100万元、50万元等具体的数字。二是指形态的指标化，即你所制定的目标如果不能直接用某个数字来描述，就必须对其进一步分解，使其表现形态能够全部用数字化指标来补充描述。比如，你要买一套房子，就要具体说明这套房子应为多大面积、几室几厅、具体位置在哪、房屋朝向、周边环境、价格要求等。

时间限制，则是指你所制定的目标必须有一个明确的实现期限，最好能具体到某年某月。如果没有时限，目标就不算是一个有效可行的目标，你可能会轻而易举地为自己找到拖延的借口，使目标实现之日变得遥遥无期。

由此可见，只有当你的目标具体、明确、可行时，你才能随时将自己的行动与目标相对照，从而清楚地发现自己的行动与目标是否一致。只有这样，你内心的力量才能找准方向，并朝着实现目标的方向去努力。

（1）目标一定要清晰、切实，有可行性

世界一流效率提升大师博恩·崔西也曾说过：“成功最重要的一点，就是知道自己究竟想要什么。成功的首要因素是制定一个明确、具体而且可以衡量的目标。”

的确，如果你的目标缺乏可操作性，那么它就失去了本来的意义。所以，在确立目标后，我们还应对自己和环境有一个比较清晰的了解，分析目标是否可行，这样才能保证行动后目标被顺利完成。

• 不要给自己制定一些模糊的目标，比如“我要减掉一些体重”或“我打算在不久的将来买一套房子”，而应该清晰、明确地表示为“我要在一个月内减掉5斤”或“根据我目前的收入情况，我计划在3年内买一套价值100万元左右的房子”。

• 设立目标时，不但要有一个大的终极目标，还要通过衡量目标，制定具体的实现步骤。比如，要在3年内买一套价值100万元的房子，那么每年需要储蓄多少钱，再具体到每个月应储蓄多少钱。这样将复杂的工作拆分开，分成一个个小部分来完成，反而更容易实现。

• 目标的周期可以是一年、几个月，也可以根据具体情况，将其分解为周目标与日目标。

• 要考虑到目标的弹性，不能将目标设定在能力所能达到的100％，而应设定在能力所能达到的80％左右。因为我们每天都可能会遇到一些意想不到的情况。

• 即使目标完成得不够顺利，也不要轻易放弃，而应努力调整自己的状态，并积极寻找解决问题的方法。

（2）努力抓住实现目标的机会

我们很多人每天都是忙忙碌碌，为生活奔波，同时又要努力应付众多的任务目标，所以可能经常会与实现目标的机会失之交臂。

但是，要实现自己的目标，就意味着要紧紧抓住任何一次机会，不让机会从指缝间轻易溜走。只有这样，你实现目标的成功率才会增加。

• 要善于抓住机会，必须提前部署计划，确定自己应在何时、何地执行什么样的方案。

• 计划一定要越具体越好。例如，要想实现健身计划，就要求自己每周一、周三、周五，在工作前健身30分钟。研究表明，这种规划方式会让你的大脑时刻保持警惕，提高专注力，随时抓住可能出现的机会，让你的成功概率大大增加。

• 即使没人监督，也要做到自我监督。如果不清楚自己的现状，就无法相应地调整自己的行为和策略。所以，你应该根据目标的实际需要，每周甚至每天检查自己的工作进度。

3. 锁定目标，科学规划

日本曾出版了一本畅销书，名叫《怎样寻找终生职业？》。在该书中，作者井上富雄叙述了他在25岁时，就已拟定了未来工作发展的详细计划，然后督促自己按照计划一个个走下去。在完成工作计划过程中，他还不断对“如何才能以最少的劳力，消耗最少的精神，以最短的时间达到目的”这个问题进行思索。也就是说，他在力图找到既轻松又一定能成功的战略、战术，然后锁定目标，科学规划，最终一步步实现目标，走向成功。据说，他在职业生涯中不仅制定了目标，还超过了自己所订立的目标。44岁时，他就当上了日本IBM的常务董事，可以说是具有超人的能量了。

对于自己的成功，井上富雄说：“要完成一件事，别人花3年时间，我花6年时间；别人花5年时间，我就花10年的时间。只要有规划、不慌乱，一步步地前进，总会有成就的。”

由此可见，我们不但要设定积极明确、具体可行的目标，还要善于规划目标。只有这样，我们的潜能量和意志力才会指引我们的行动，向着这个目标前进。

现实生活中，无论我们做什么，只要努力，都会有两个结果出现：一个是你要达到的结果，另一个是你实际实现的结果。比如，你想在一周内学会滑冰，这是你想要达到的结果，但其实你花了两周才学会，这个就是你实际实现的结果；再比如，你计划在半年内掌握一门外语，但其实你只学了两个月就学不下去了。实际实现的结果与你期望的目标之间不画等号，那么也意味着你的目标成了空谈。

这是我们大多数人都会面临的境况。人们在做事时往往会陷入一个思维陷阱，就是相信只要自己做了，便一定能实现自己想要的结果。但事实上，这种想法只会让你陷入两种境地：一种在自己规定的时间内根本没有完成目标；另一种是不断地调整目标，用比所计划的更长的时间才完成目标。

为什么我们想要实现的目标与我们实际得到的结果差距如此之大呢？主要有两方面的原因：一是你的目标超过了你的能力极限；二是你的意志力薄弱，导致自律性降低，所以在行动中也难以高效高质地完成每一阶段的计划。

这也提醒我们：要实现一个目标，首先，目标必须是在你的能力范围之内；其次，你需要有坚强的意志力来应付完成目标过程中可能遇到的困难。但是，这还不是完成一个目标的全部要求，光有远大的目标和坚强的意志力还不够，你还得学会规划目标，让自己的每一步行动都得到自己想要的结果，这样你与终极目标之间的距离才会越来越近。要知道，一口饭是不可能吃成胖子的，只有积小成功为大成功，最终才能实现远大的目标。

日本著名马拉松运动员山田本一曾两次夺得国际马拉松邀请赛冠军。当有人问他凭借什么成功时，他回答说凭借智慧取胜。而他所谓的“智慧”，就是“每次比赛前，都要乘车把比赛路线仔细看一遍，并把沿途较醒目的标志记下来。这样在比赛时，就可以把这一个个标志作为自己即将攻克的一个个分目标奋力冲去。如果比赛一开始就把目标定在终点线的旗帜上，可能跑到十几公里时就会疲惫不堪了，因为会被前面那段遥远的路程吓倒。”

山田本一的智慧也告诉我们：光有目标不够，还必须将目标层层分解，在总目标的统领下，制定各个阶段的分目标。就像上楼梯一样，一步一个台阶，如果你能凭借意志力将分目标一个个达成，那么总目标也就实现了。

（1）学会分解目标

我们做事之所以容易半途而废，往往不是因为完成的难度太大，而是觉得成功离我们太远。确切地说，我们不是因为失败而放弃，而是因为倦怠而失败。如果我们能具有山田本一的智慧，将大的目标分解成一个个小目标来完成，人生也许就会少许多懊悔和惋惜。

那么，我们到底要如何来分解目标呢？

• 想象有一棵大树，从树干开始，就会有若干个分枝，每个分枝会有更小的枝杈，一直到叶子。我们将树干代表大目标，每个枝杈代表小目标，叶子就是我们眼前的目标，或我们马上要去完成的每件事。

• 弄清大目标与每个小目标之间的逻辑关系，即小目标是大目标的条件，大目标是小目标的结果。小目标若能全部实现，大目标也一定会跟着实现。

• 列出实现每一个小目标的必要条件，如此类推，直到画出所有的“树叶”，才算完成该目标的分解。

• 问问自己：如果这些小目标都达成了，大目标一定能实现吗？如果回答是肯定的，即表示目标分解已经完成；如果回答是否定的或不确定，即表明所列出条件还不够充分。

• 继续补充被忽略的条件，直到自己能控制的所有条件都达成。这样一来，一棵完整的目标多叉树，就成了一套达成该目标的行动计划。

（2）科学地规划自己每天的任务

将一个大目标分解成一个个细致的小目标后，接下来就是行动起来，努力完成它们。但是，也不能盲目行动，必须科学地规划好自己每天应完成的任务。这样一来，你完成工作的意志力水平和持久能力才会不断加强，你想实现的目标和你实际得到的结果也不会出现太大的偏差。

• 将你分解好的目标按照时间划分并打印出来，放在工作台明显的位置上，这样你就能知道自己在什么时间应该完成哪些事情了。

• 在每天下班前，将自己第二天准备完成的任务安排好，比如需要哪些材料、联系人名单等。

• 第二天上班时，要规定自己在上午完成前一天晚上计划的至少60%的工作任务。下午全部完成任务后，还要对自己的工作进行一个总结，看自己是否按时按量地完成了一天的任务。

• 如果时间充足，就提前完成下一天的部分工作，提高工作效率，从而提前达成目标。

4. 行动才是释放潜能的前提

我们一直在强调，在我们的身体内拥有一种强大的本能，在它的背后蕴藏着无限的智慧和能量。一旦你知道如何开发它，你就能拥有实现目标的无穷力量。

每个人其实都可以拥有这种可操控的巨大能量。但是，怎样才能激发出这种潜在的能量，让它为我们所用呢？方法很简单，那就是积极行动。

不管你要实现什么样的目标，都必须要有积极的行动才行。积极行动不但是使我们的目标得以达成的唯一途径，还有一个非常重要的意义，即行动可以改变我们的潜意识。当我们将具体的目标付诸有效的行动后，潜意识就会接收到这种积极美好的设想，从而释放出巨大的能量，增强我们完成目标的意志力，帮助我们更快、更好地达到目的。

几乎每个人都有周游世界的梦想，但有几个人能不顾一切地去实现呢？目标是有了，如果不付诸行动，那么所有的目标也只能是空谈。光说不练，拖延应付，不但不能达成目标，还会挫伤你的工作积极性，更会不断削弱你的意志力。

美国混合保险公司的创始人史丹，一生都遵守“立即行动”的准则。有一次，他听说曾经生意兴隆的宾夕法尼亚伤亡保险公司因经济萧条发生了危机，已经停业。该公司当时属于巴尔的摩商业信用公司所有，他们决定以160万美元的价格将公司出售。

史丹分析了该保险公司的经营情况后，想到了一个不花钱就能拥有这家公司的想法。于是，他马上带着自己的律师，与巴尔的摩商业信用公司进行了谈判。下面就是谈判时的精彩对话：

“我想购买你们的保险公司。”

“可以，160万美元。请问你有这么多的钱吗？”

“没有，但我可以向你们借。”

“什么？”对方简直不相信自己的耳朵，世界上真的有这样的傻瓜吗？

史丹却不慌不忙地说：“你们商业信用公司不是向外放款吗？我有把握将公司经营好，但我首先得向你们借钱来经营才行。”

这是一个非常荒谬的想法：商业信用公司出售自己的公司，不仅不能拿到钱，还得借钱给购买者经营。而购买者借钱的唯一理由，就是自己拥有一批出色的保险推销员，保证能经营好这家公司。

商业信用公司经过调查后，接受了史丹的条件。于是，史丹没花一分钱，就拥有了一家自己的保险公司。之后，他也确实将这家公司经营得十分出色，成为美国著名的保险公司之一。

我们身边经常有这样的人，一看到别人成功，就后悔不已地说：“其实我也想到了，就是没去做。”不去做，没有行动，当然就不可能有收获。因为任何设定的目标、规划和蓝图都不能保证你成功，很多人所取得的成功也不是事先规划出来的，而是在行动中经过不断调整一步步实践出来的。人的目标与眼前的现实世界就像是河流的两岸，中间可能存在着很大的跨度。如果你能架起一座桥，就能从此岸通向彼岸。而且你每向前一步，就会离对岸更近一些。你的潜意识中必须存在一条连接目标与现实的通道，这就是你的行动意愿。

积极地行动，具有开创的勇气，我们头脑中所储存的能量才能被全部激活，就像火箭的发动机一样，带你冲出局限，朝着目标前进。

俗话说，“万事开头难”。行动的第一步往往是最难迈出的。但是，无论多难，如果没有这第一步的行动，你的目标就永远没有实现的一天。当你缺乏行动力时，不妨试试下面的几个小方法。

（1）给予自己积极的鼓励

每个人都希望自己能成功，但不是每个人都能获得自己想要的成功，因为一个大的成功是需要由无数个小成功叠加而成的。如果光有宏伟的目标，却没有将其落实到行动上，再伟大的目标也只是空谈。

相反，如果你能时刻积极地鼓励自己行动起来，摈弃拖延及随时可能出现的消极情绪，让自己对生命充满激情，你会发现：成功其实并没有那么难。

• 不论从事什么工作，都不要抱着“我是为别人工作”的心理，也不要认为自己只为糊口才工作，要将工作当成自己的事业和奋斗目标来做，这样你才更有动力，让自己行动起来。

• 不要等条件都具备了才行动，否则你可能永远都不会开始。现实中没有完美的开始时间，你必须在问题出现时就行动起来，并主动把它们处理好。

• 要敢于尝试，不要害怕失败。只有积极地尝试各种工作，你才能从中发现自己的天赋和潜能。

• 积极地设想自己的成功，并相信、感受成功带给自己的喜悦与满足，从而让自己时刻都积极主动地做事，成就每一个小小的成功。在不断积累过程中，你的工作也将潜移默化地朝着更高的层次前进。

（2）对目标投入百分之百的热情和精力

任何的成功都需要付出艰辛的努力，没有哪个人能坐享其成。即使你拥有非常高的天赋，要实现目标，也需要做到全心全力地投入。只有这样，你才能释放出最大的潜能，并凭借意志力获得成功。

• 目标设定后，一定要全心全意地投入热情和精力去努力实现它。只有专注，才能帮你实现你想要的成功。

• 将注意力集中到你目前所做的事情上，不要为昨天应该做什么而没做的事情烦恼，也不要烦恼明天可能会做什么。你能左右的，只有现在。

• 工作中一旦出现消极怠工的情况时，要及时调整情绪，不要让消极的状态影响你行动的积极性。

• 提高对工作的熟练程度，即使你对眼下的工作很有天赋，也需要不断学习，提升自己的能力。只有这样，你才能积累更多的成功经验，为顺利实现目标打好基础。

• 让自己形成工作的紧迫感。一个人对自我成功的追求是没有终点的，你越是努力追求，努力实现，就越能更多地体现你的生命价值。

5. 善于管理自己的时间

“不善于支配时间的人，经常感到时间不够用。”这句话相当有道理。然而，如何才算善于管理自己的时间呢？这是过去十几年来时间管理专家所试图解答的一个问题。

我们每个人可能都有过这样的感觉：有时自己体力充沛，情绪饱满、精神焕发；而有些时候却感觉身体疲乏、情绪低落、精神萎靡。这两种迥然不同的状态对我们日常工作的影响肯定也是截然不同的。这就说明：人的体力、情绪、精神状态等，也会呈现出周期性的变化。如果我们善于利用体力、情绪、精神状态较佳的时间工作，那么工作效率也一定会很高。

但是，有些人又发现：即使自己的体力、情绪和精神状态都很好，工作效率却仍然不高。这是什么原因呢？

原因很简单，就是不善于管理自己的时间。在体力和精力都处于极佳的状态时，没有先安排比较重要的工作去做；而一旦身体和精神都到了疲乏的状态时，再做比较重要的工作，自然完成起来效率就低了。而且在这种状态下，意志力也会变得薄弱，使人更容易出现拖延、懒散等表现，这又进一步降低了工作效率。

事实上，这个世界根本不存在所谓的“没时间”这回事。如果你和很多人一样，也是因为“太忙”而没时间完成自己的工作的话，那么请你记住：这个世界上有很多人比你更忙，但他们却能出色地完成更多的工作。这些人并没有比你拥有更多的时间，而只是学会了更好地利用自己的时间罢了。

有效地管理时间、利用时间，既是提高工作效率的一种技巧，也是增强意志力的一种有效途径。试想一下，如果你可以很科学地管理自己的时间，知道哪些时间该做什么，并能非常自觉地利用这些时间，完成自己应该做的事，久而久之，你的潜意识就会接受你的这一正向行为，并形成习惯，从而更好地帮助你克服拖延，使你成为真正的高效工作者。

美国《财富》杂志曾有一个报道介绍各大企业高级主管如何利用时间，其中提到前任惠普公司总裁格拉特是如何划分自己的工作时间的。格拉特把自己的时间划分得非常清楚：20%的时间与客户沟通，35%的时间用在会议上，10%的时间用在电话上，5%的时间用来看公司文件，剩下的时间则用在与公司没有直接或间接关系，但有利于公司发展的活动上。比如：接受记者采访，预备商界共同开发的技术专案，或总统召集他们参加有关贸易协商的咨询委员会，等等。当然，每天他还要留下一些空当时间来处理各种突发事件，例如临时接受新闻界的采访等。

著名的“二八原则”认为：约80%的结果是由该系统中约20%的变量产生的。例如，在企业中，通常80%的利润来自于20%的项目或重要客户；经济学家认为，20%的人掌握着80%的财富。这也等于在告诉我们：我们应该用80%的时间来做那些可以给我们带来最高回报的事情，而用20%的时间做其他事情。将这个定律融入到我们的日常工作中，对最具价值的工作投入充分的时间，就可以让自己摆脱“瞎忙”的陷阱。“分清轻重缓急，设计优先顺序”，这就是管理时间的精髓。

（1）列出一张目标清晰的工作清单

我们每天都要面临大量的工作，如何才能高效地完成这些工作？最好的办法就是列一份目标明确的工作清单，目的只有一个，就是将时间用在真正重要的事情上，最终减少我们工作的时间，获得一种轻松的生活状态。一份有效的工作清单不仅应简明扼要、主次分明、目标清晰，也要保证实施步骤简单，容易在短时间内迅速完成。

• 在列工作清单前，要设置好清晰、可实现的工作目标，并将目标细化，把大目标分解成小目标，然后围绕完成目标的目的来制定工作清单。

• 工作清单上应分配好完成每项工作的时间，本着先重后轻、先急后缓的原则，将每天的工作梳理清楚。

• 设定好完成每项工作的起始时间和结束时间，以免自己在工作时失去自控力，拖延、浪费时间。

• 在列工作清单时，也要留出一定的机动时间，应对一些突发事件。比如，突然有客户来拜访，或有上级领导突击检查需要接待，等等。

• 需要注意的是：工作清单只是一种管理时间的参考，并不是僵化不变的。当事情出现变化时，要学会适度调整，吸取经验，以便以后的工作计划订立得更具有可行性。

（2）有计划地做事

工作清单列好后，接下来就是按照上面的计划投入工作了。在工作时，我们要按照工作清单上的要求，分清工作主次，有计划地做事。这样才能做到有的放矢，从容不迫，充分将时间利用起来。

• 善于处理突如其来的琐事，比如突然打进来的无关紧要的电话、突然出现在桌子上的文件等小事，可以暂时放到一边，不让它们打乱自己的工作思路。

• 在做一些重要而棘手的工作时，应专门设立一个时间段。在这个时段内，尽量避免他人打扰，更不要去做些不重要的其他琐事。

• 不要企图一口吃成胖子，先集中精力做好一件事，再去做下一件事，这样才能时刻保持头脑清醒。

• 尽量远离那些做事拖延、浪费时间的人，让自己对工作保持高度的专注，增强抵抗外界干扰的能力。如果有人想找你聊一会儿，可以直截了当地拒绝，让对方知道是工作的时候，不适合闲聊。

• 有意识地提高自己的意志力。比如，可以给自己制订一个为期30天的计划。在这30天内，要求自己每天一定要完成某件事，如按时起床、每天早晨跑10公里等。意志力提高了，完成工作的效率自然也会相应地提高。

6. 为自己设定不可逾越的期限

在你接手一项工作事务后，要给完成这件事情设定一个期限，而且这个期限还必须是不能逾越的，不能你想做多久就多久。否则等你做好时，可能那项工作已经失去了它的实际意义。

许多人在工作时拖拉懒散，都是因为没有给自己设定一个完成的期限，或者期限是含糊的、模棱两可的，这样的结果就是让工作一拖再拖。《围炉夜话》中说：人生时光消逝得很快，要给自己及早定下一个成器（或成功）的日期。这就是指我们要为自己的大目标定下期限。而具体到一件件小目标，也要设定期限，并尽可能地严格遵守它。

古语说："书非借不能读也。"意思是：书不是借来的就不能好好地去读。为什么会这样？因为借来的书有期限，读来更有紧迫感，更会认真尽心地阅读；而自己买来的书没有期限压力，结果可能会长时间束之高阁，根本不想去读。

所以说，为自己设定一个不可逾越的完成任务、实现目标的期限，是十分必要的。

如果我们在制定目标或计划时没有一个明确的完成期限，就会导致意志力下降，出现懈怠“罢工”的情况也在所难免。

在新闻界，对记者和编辑的工作要求都有不可逾越的时间界限，也就是“最后截稿日期”。如果你不能在这个时间之前发稿，那你的稿件再出色，最终也只能被“枪毙”。当然，遇到重大突发新闻，打破原有工作程序的情况也是有的，但那只是偶然为之，更多的时候还是应该遵守这个时间期限。

事实上，给自己设定一个完成任务或目标的期限，并在该期限内做好事情，不仅能磨炼我们的意志力，还有助于锻炼自己从容应对别人限定期限的工作的能力。比如，许多作家开始时都是一些报刊的特约撰稿人，而报刊对他们自然也都有交稿的时间限定。特别是连载小说，每天都必须完成一定字数。在这种压力下，也“逼”出了一些作家的灵感，使他们写出了受读者欢迎的作品，著名武侠小说家金庸先生的武侠小说，就是这样被“逼”出来的。

有人问一位法国政治家，他是怎样在职业上取得巨大成就的同时，还承担着多种社会职务。他的回答是：“我只是从不把今天可以做的事情拖到明天，如此而已。”可以说，成功不是在期待中到来的，而是在行动中光临的。当我们有了目标，并给自己设定一定的期限去实现目标时，就是我们最靠近成功的时候；相反地，如果我们缺少目标，并且从未想过要在什么时间将一件事情做好，我们也很难取得什么成就。

总之，要想成功，就一定要给自己设定一个完成目标的最后期限，并要求自己严格遵守，不能超过这个期限，拿出全部精力将事情做好。而养成这一习惯后，你也会发现，自己正在渐渐远离拖延，靠近成功，意志力也会在此过程中一步步得到提升和增强。

（1）科学设定自己完成目标的时间

在为自己所做的事情设定期限前，首先要明确自己的目标是什么，然后科学地设定自己完成目标的时间，规定自己最晚应在什么时候完成。否则，我们可能要花上比实际需要多得多的时间才能完成，不但不利于缩短目标和任务的完成时间，还会加重拖延，削弱我们的意志力。

• 给自己每月、每周，甚至每天的每项工作都设定一个完成的具体时间和最后期限，激励自己在限期内抓紧时间完成。

• 如果自己按时完成了工作，就奖励自己一下，比如奖励自己吃个冰淇淋。如果完不成，就惩罚自己一下，比如做50个俯卧撑等。

• 还可以对外宣布你的最后完成期限，请你的上司、同事、朋友或家人监督，并且还要不断自我监督、自我激励、自我约束。长期坚持下来，你就能逐渐养成雷厉风行的工作作风，意志力也会成倍增加。

• 将工作或任务之外的事情也要考虑进去，如休闲、运动的时间等，到时不要将这些作为借口拖延工作。

（2）用“意大利腊肠法”来克服拖延

这是一位外国成功学家提出的一种克服拖延的方法。我们都知道，意大利腊肠切开之前非常粗大，看起来就令人倒胃口。但如果把它切成薄片后，看起来就完全不一样了。切开后，你就可以随意处理它，也就是可以随意大嚼一番。

当你发现自己在工作时懒散拖延时，也可以利用这种方法，将一个整体的工作任务分成许多易于“马上可做的工作”。这种方法其实也就是兵法上所说的“各个击破”法。

• 在接受一项较为烦琐的任务时，不要立即动手开始做，而应先从整体审视一下这项任务。

• 将整体任务分解成为各个小任务来进行，让复杂的大任务看起来更容易实现。

• 比如，要写一份很长的报告，就先把它分成几个步骤：先列提纲，再分别准备资料，挑准备比较充分的部分开始，最后再像串“糖葫芦”一样把它串起来，做些平衡、衔接的工作，一篇报告就会比较轻松地完成了。

（3）设定专注工作的时间，提高工作效率

美国管理学家查尔斯福特说：要把工作“控制为紧急事件”。所以，为避免工作时拖延，我们不妨为自己设定一个专注工作的时间，并给自己定下倒计时间。这样一来，我们在心理上就会产生紧迫感，从而促使我们更加集中注意力来完成工作。

• 根据工作的性质，设定一个工作的专注时间段。比如，设定半小时为一个专注时间段。在这段时间内，要求自己必须专注于工作，没有任何借口。

• 完成一个专注时间段后，就让自己休息一会儿。在休息期间，你可以起身活动一下，或做做深呼吸，让自己的身心适当放松，然后再设定下一个半小时的专注时间段。

• 如果半小时仍然令你难以承受，可以先设定较短的时间，如15分钟、20分钟。当你在这个期限内可以专注工作后，再试着适当增加专注时间的长度。

• 如果在工作时间段内被干扰，或无论如何就是工作不下去时，可以看一下工作时间段的剩余时间，然后暗示自己再坚持几分钟就结束了，从而锻炼意志力，不让自己有拖延的借口。

7. 关注细节，做任何事都严格要求自己

英国有一首广为流传的歌谣：“少了一个铁钉，丢了一只马掌；少了一只马掌，丢了一匹战马；少了一匹战马，输了一场战役；败了一场战役，亡了

一个国家。”这首歌谣无情地概括了一场由一个铁钉而导致失败的战役。莎士比亚将它浓缩为一句话，叫“一马失社稷。”

也许很多人都觉得这样有些过于夸张了，可我们不得不承认：一些细节问题的确实实在在地决定着我们行动的成败。当年，美国太空3号飞船快到月球了，却不能登上去，只好无奈地返回来。为什么这样无功而返呢？原因就在于飞船上的一节造价为30美元的电池坏了。于是，这个酝酿已久的航天计划破产了！

“一屋不扫，何以扫天下？”小事都做不好，又怎么能做成大事呢？反之，如果我们在规划人生、设定目标时，能从一点一滴的小事做起，将每一个细节都照顾到，那么就可以为自己建立起通向成功的阶梯。

英国著名作家狄更斯，不到准备非常充分的程度，绝不会轻易在公众面前朗读他的作品。美国著名小说家福克纳，为了斟酌一句话甚至一个词语，竟要花费几天的功夫。就是靠着这种精益求精的精神，才使得他们的声誉远非一般作家所能企及。

一个人倘若能积累起一种别人所需要的能量或特长，无论在任何地方都不会被埋没。因为任何一个企业，都愿意拥有做事认真、意志坚强的员工。拥有这样的工作人员，只要将一项工作交到他们手中，他们必定会以最快的速度和最高的质量完成它。

有一次，美国前国务卿基辛格博士的助理向他呈递了一份计划书。几天后，该助理问基辛格博士对这份计划的意见。基辛格和善地问道：“这是你所能做的最佳计划吗？”

“嗯……”助理犹疑地回答，“我相信再做一些细节改进的话，计划书会更好。”

基辛格立即将这份计划书退还给助理。

两周后，助理再次呈上自己的成果。几天后，基辛格将助理请到他的办公室，问道：“这的确是你所能拟订的最好计划了吗？”

助理又喃喃地说：“也许还有一两点细节能再改进一下……也许需要再多说明一下……”

随后，助理拿着这份计划走出办公室。他下定决心，一定要做出一份任何人——包括亨利·基辛格博士都必须承认的“完美”计划。

三周后，新的计划终于完成了！助理非常得意地跨着大步走入基辛格的办公室，将计划呈交给国务卿。

当听到那熟悉的问题——“这的确是你能做到的最最完美的计划了吗”时，他激动地回答说：“是的。国务卿先生！”

“非常好。”基辛格说，“这样我就有必要好好地读读了！”

基辛格虽然没有直接告诉他的助理该怎么做，但通过对计划书的严格要求，让助理明白了注重细节、严格要求自己的重要性，从而也激励助理完成了一份非常合格的计划书。

很多平凡的工作，一个人能做，另外的人也能做，但做出来的效果却可能截然不同，通常是一些细节上的功夫更能决定着工作完成的质量。不关注细节，对工作缺乏认真的态度，做任何事都只会敷衍了事。对于这种人来说，无论何种工作都是一种不得不受的苦役，因而也缺乏耐心、热情和积极性。而能够考虑到细节、注重细节的人，不仅要求自己认真地对待工作，将工作做细、做精，还能在工作中注重自身的学习与意志力修炼，从而寻找到更多的成功机会。

那么，我们如何在工作中关注细节，做一个严格要求自己的人呢?

（1）在工作中提高自控力

很多人在细节工作上关注不够，往往是因为做事过于浮躁，难以耐下心来把一件件小事做好。现在的职场竞争日趋激烈，如果不能在细节工作上加强自律，对小陋习、小疏忽任其发展，不加以控制，那么它就会像滚雪球一样，越滚越大，最终成为工作的绊脚石。

所以，我们要经常审视自己的优点和不足，既要自我崇尚、有信心，也要注意自我检查、随时修正，不断地完善和提高自我。只有具备较高自控能力的人，才能克服浮躁的情绪，不为外界环境所左右，静下心来做好细节小事。

• 每天做好工作计划，准备好备忘录，事无巨细一件一件地完成。

• 将你工作台上无用的纸张、信件、文件等全部拿走，只留下与你手头工作有关的东西，避免这些东西分散你的注意力，让你难以专注地投入工作。

• 工作的时候，就只做与工作有关的事，控制自己的行为，不与同事闲聊，也不将精力集中在浏览网页、看新闻等与工作无关的事情上。

• 养成专心致志地对待手头工作的习惯，不论这项工作有哪些利弊之处。锻炼自己的意志力，无论如何都要从乐观的一面迅速地考虑事情的进展。

• 对领导下达的工作任务，要身先士卒，争取每件事都主动做到位，不能敷衍了事。只有在一系列的细枝末节上对自己严格要求，才能让自控力逐渐强大起来。

（2）时刻给自己一个积极的思想

每个人都希望自己能拥有成功的事业，但不是每个人都能实现这种美好的愿望。只有将积极的思想与现实的关系应用到工作细节上，意识到正面思想对现实的影响，你才能从中获得动力，感受成功，并为获得成功而努力。

• 不论从事什么工作，都不要消极地认为自己只是在为老板做事、为别人做事。要把你的工作当成你的事业，你是在为自己的事业和未来打拼。

• 设想自己的成功，并相信自己一定能成功，用正面思想去面对工作中的每一个细节，从而让自己积极主动地投入工作，收获工作中每一个小小的成功。

• 一旦出现消极懈怠的思想，就及时提醒自己“我要为自己更努力地奋斗”，始终让自己保持正面、积极的思想。

• 每天早晨准备上班时，就告诉自己：“我要为自己的事业去努力拼搏了！”晚上下班后，也告诉自己：“我今天认真工作了，我距离自己的目标又近了一步。”

意志力修炼小结

- 设立一个最适合你的目标，它是你获得意志力不可或缺的重要因素之一。
- 不论任何目标，都必须明确、可行，不能模糊不清。
- 有效地管理时间、利用时间，既是提高工作效率的一种技巧，也是增强意志力的一种有效途径。
- 在完成任务或确定目标时，让自己在规定的期限内完成，有助于磨炼我们的意志力。
- 不要小看细节的力量，它往往能在很大程度上帮你提升意志力。

第七堂课 让逆境与挫折引爆你的意志力

一个人对待逆境与挫折的态度，从某种程度上也决定了他取得成功的可能性，因为逆境与挫折可以为我们修炼意志力创造绝佳的机会。那么，当困难如同一堵高耸的墙，横亘在通往成功的路上时，你是在墙根下忧伤满腹，踯躅不前，还是冷静下来找到翻过这堵墙的方法呢？要知道，只有将一切苦痛放下，以强大的意志力迎难而上、披荆斩棘之人，才有可能击溃眼前的挫折，获得最后的成功。

1. 不是每一次播种都有收获

每一次春天播种时，人们都会期待着秋天满满的收获。但事实的情况是，有时可能会遇上天灾、人祸等意外，播下去的种子一无所获。这个时候要怎么办呢？是怨天尤人、一蹶不振吗？

当然不是！心态积极的人，此时只会拍拍身上的灰尘，抖擞精神，继续努力，等待下一个春天的到来……这样的心态，就是一种强大意志力的体现。具有这种强大意志力的人，也定然会有一种百折不挠的坚忍精神，在遭遇逆境和挫折时仍可以做到不屈服、不言败。

赫胥黎曾说："经验不是一个人的遭遇，而是他如何面对自己的遭遇。"要面对逆境和挫折，就要有强者的心态，这是一种态度。每个人都有权利选择自己的生活态度，而所选生活态度又影响着我们待人处事的方法。选择积极进取的态度，还是消极不振的态度，对自我发展或战胜逆境，以及增强意志力水平，都有着极为重要的意义。

事实上，逆境和挫折并不是什么坏事，相反，它还能磨炼我们的意志，增强我们战胜困难的决心。根据美国哥伦比亚大学医学院与史塔桑管理研究中心的一项长达十年的联合研究发现：经历过磨难，并能从磨难中走出来的人，面对逆境的能力会有所提高。不仅如此，他们身上还会酝酿出几种成功的重要特质，比如：能够在逆境中迅速恢复精力；表现杰出，且能维持这种表现；对待生活积极乐观；必要时愿意冒险；可以成功地进行自我改变；能以创新的方法解决问题；能够学习、成长、进步；等等。

可见，在追求成功的路上，逆境和挫折虽然不可避免，虽然可能让我们辛勤播种的希望化为乌有，但同时也可以磨炼我们的意志，提高我们的成功潜质，让我们在努力战胜逆境和挫折的过程中，距离成功更近一步。

有一个一掷千金的大商人，在一次生意失败后，变成了穷光蛋。这让他深切地体会到了生活的冷酷无情，萌生了结束生命的想法。

这一天，他坐在一片瓜地旁边小憩。现在正是收获的季节，空气里弥漫着香甜的味道。好客的瓜农看到他，便豪爽地请他品尝地里的瓜。

同时，瓜农也开始喋喋不休地对他讲述自己的经历：前几年收成不好，总是遇到天灾虫患，甚至突如其来的一场霜冻，让即将收获的成果毁于一旦，一年的辛勤劳作全都白费了。

他听后感到有些意味，就问瓜农："收成不好你怎么生活？既然赚不到钱，耕种还有什么意义？"

瓜农咧嘴一笑，说："再艰难不也挺过来了吗？你看，现在不是丰收了吗？而且，也正是之前的欠收，才让这次丰收显得更有意义。"

看着面前这个心事重重的年轻人，瓜农又意味深长地说道，"不是每一次播种都能有收获，但所有的经历都是有意义的，只要你不放弃。"

一席朴实的话语，如同温暖的春风一般，吹走了他心头的雾霾。他顿时如醍醐灌顶，驱车返回，决定重新来过。5年后，他的公司遍及全球，他也成了行业内呼风唤雨的人物。

富兰克林说："坚韧之人，无往而不利。"这里所谓的"坚韧"，说的就是一种主导命运的意志力量。有了它，我们在面对逆境时就会产生对自我的控制感，不仅能让自己有正确的态度，还能有及时的行动，勇敢面对逆境而非轻言放弃。

（1）启动意志的力量面对逆境和挫折

在面对逆境和挫折时，有些人往往不知所措，或者干脆放弃目标，变得萎靡不振。事实上，这都不是面对挫折的好方法。在遭遇逆境时，我们可以通过放松练习，帮助自己找到解决难题的方法，坦然地面对困难。

如何进行放松练习呢？下面的方法不妨一试：

• 在遇到挫折、困难时，将自己的感受、经历和想法都写出来，不要碍于表达形式。

• 也可以用铅笔或彩笔随意在纸上涂鸦，缓解自己的焦虑情绪。

• 不要钻牛角尖，凡事都向更坏的地方想，这会让你更加沮丧，处理问题也更加不冷静。

• 积极激发自己对于目标的兴趣，比如做一些能够暂时转移注意力的活动，以减轻暂时性的挫败感。

• 寻找一切能让你重新全身心地投入目标的新动机，让你的意志力重新发挥作用。如果能做到这一点，你一定会坚持下去，不再轻易被挫折打败。

（2）努力增强你的韧性和耐心

一个坚韧而有耐心的人，不但能增强获得成功的可能，还会获得别人足够的信任和帮助，从而更快地克服困难；相反，那些做事缺乏韧性和耐心的人，不但自己的意志力十分薄弱，同时也没有人愿意帮助、信任他，因为大家都知道他做事不可靠，随时都可能面临失败。

可见，在遭遇挫折时，如果不想被挫折打败，就要努力锻炼自己的韧性和耐心，做一个意志力坚强的人。

• 要增强韧性和耐心，首先要学会控制自己，可以先试试控制协调自己的呼吸，然后慢慢控制自己的脾性。

• 在感觉沮丧失败时，鼓励自己笑一下；感觉郁闷时，就做做深呼吸，让自己试着平静下来。

• 平时有意识地做一些有助于提高耐心的事，比如爬山、跑步、下棋等。

每次做事前就提醒自己一下“我一定可以出色地完成”，或者“我一定能坚持下来”。

- 不论做任何事，都要让自己保持充沛的精力，这也是让你对一件事保持耐性和长久专注力的关键所在。

2. 克服缺陷，用意志力征服一切

很多人都觉得，生活就应该是完美的，但这种美好的愿望是不可能实现的，每个人的生活中都可能有这样或那样的不完美，甚至是某些缺陷。

不完美、残缺就不生活了吗？当然不是。人生本来就是一次充满残缺的旅程。试想一下：如果没有缺陷，产品会一代代更新吗？生活水平会一步步提高吗？人类永远不能满足于自己的思维、自己的生存环境、自己的生活水准，这就决定了人类不断地创造、追求。因此说，残缺也是一种战胜挫折的动力。如果我们能将自己生活中的某些缺陷和不足当成奋斗的动力，那么每个人都能拥有坚强的意志力，成为一个成功的人。

斯蒂芬·威廉·霍金，英国剑桥大学应用数学及物理理论学系教授，当代最重要的广义相对论和宇宙论家，也是当世享有国际声誉的伟人之一，被称为“宇宙之王”。他曾与彭罗斯一起证明了著名的奇性定律，为此他们共同获得了1988年的沃尔夫物理奖。霍金也因此被誉为继爱因斯坦之后，世界上最著名的科学思想家和最杰出的理论物理学家。

然而，就是这位伟人，却在21岁时患上了卢伽雷氏症，此后终身都被禁锢在轮椅之上，只靠两根手指活动。1985年，他又因肺炎做了穿气管手术，被彻底剥夺了说话能力，演讲和问答只能通过语音合成器来完成。

但他没有因此而止步，仍继续自己的物理研究出版了几部力作。

身体如此不完美的霍金，没有被这残酷的命运吓倒、打败。相反，他身残志坚，对生活非常乐观。之所以能做到如此出色，完全源于他那蔑视一切挫折困难的强大意志力。

现实生活中，有些人的天赋确实会高一些，而有些人的智力水平却相当一般，甚至还很差。如果我们给每个人做一个智力测试，你会发现：这个世界上像爱因斯坦那样智商高的人确是少之又少的。但你也能看到，很多看似平凡甚至在某些方面有些残缺的人，依然取得了令世人瞩目的伟大成就。不聪明、不完美、智商不高的人，也能把自己的人生之路走得精彩，这就看你能否突破自身的局限，动用潜意识的强大力量，去超越平时“我不够完美、我不聪明”的常态暗示了。

一个不能积极肯定自己的人，看到的都是自己的缺陷和不足，根本意识不到自己的才能。我们一直在强调，潜意识对一个人的影响是极其深入而潜移默化的。如果你总是否定自己，眼里看到的都是自己的卑微，那么不论你做了多么卓越的工作，也觉得无法带来一个让人满意的结果。在这种心理暗示下，结局自然显而易见，你一定会看到一个“一事无成的自己”和“令人憎恶的业绩”。

其实，我们每个人都可以成为现实中的成功人士，但首先你要敢于克服自身的缺陷和不足，肯定自己拥有的成功潜质，这样你才能看到一个斗志昂扬、胸有成竹的自己。然后，你所接受的是“我虽然不完美，但同样能把事情做好”“我的长处完全可以弥补我的缺陷”的自我暗示，这种积极的自我暗示能让你的意志力成倍增加，从而令你充满热情，急切地想要去表达自己。这种推动力也会让你的内心产生强大的意志力，从而鼓励你立即采取行动，摆脱逆境，征服挫折，塑造理想的自己。

（1）用潜意识的力量积极肯定自己

意念决定行动。一个人如果想成功，就不会被自身的一些小缺陷、不完美所束缚；相反，他在潜意识里会时刻以成功者的标准去要求自己，并愿意做出改变。这种潜在的意念拥有强大的感召力，一定能督促他迈向自己期望中的人生。

• 学会正确地评估自己。尽管自己有些不足或缺陷，但也要坦然接受，不做无谓的抱怨，更不要因此对自己丧失信心。

• 改变与自己的消极对话，认可自己的价值，这样你的潜意识也会接受积极的自我暗示，从而动用一切力量去证明你的价值。

• 经常告诉自己“每个人身上都有优点，我也不例外。我要去认可它，就像赞美别人一样”，或者“不管我现在有什么缺陷，遭遇什么困境，终有一天我会扭转这种局面。因为那些伟大的成功者也曾经经历失败”。

• 遭遇挫折、困境时，应持乐观、积极的态度，不断提高承受挫折的能力。经常以换位思考的形式面对问题，你会变得更宽容、豁达，也更快乐。

• 经常参加一些体育运动，可以调节你的神经系统，排除体内一些致郁废物，宣泄压抑的情绪，给你带来一份好心情。

（2）警醒自己，努力克服缺陷

每个人都是上帝咬过的苹果，这句话说明每一个个体都并非完美无缺，伟大如比尔·盖茨，超圣如孔子，他们也绝非十全十美，也充满了各种各样的缺陷。当然，这种缺陷并不是具体指身体，而是指人的心灵和认识层面，表现为人的缺点或某些经常出现的错误等。

由于人的潜意识总是偏好于发现个体好的一面，这也是为什么人们容易看到自己的优点，却难以认识到自己的不足。经常看到自己的优点当然是好事，这会让我们更自信，但如果你对自己的某些缺点不以为然，听之任之，它们就会轻易地发展起来，并顺利进入潜意识的大门，成为潜意识的一部分，进而扭曲你的行为，改变你的性格，改变你的命运。

所以，我们不仅要强化自己的优点，还要时刻警醒自己克服缺陷和不足，并用强大的意志力将这些负面能量驱赶出去，完成内心的重造，让自己变得更优秀。

• 拿出一张纸，写下你能发现的自己身上的缺点，比如“我有时会懒惰”“我缺乏时间观念”“我控制不好自己的情绪”“我容易骄傲”，等等。

• 也可以让身边的朋友提一些自己身上的不足之处，比如对人是否不够友善，有时考虑问题是否欠佳，等等。

• 将这些缺点都一一写下来，然后告诉自己的潜意识：这些都是不被认可和不利于我成功的，必须立刻在我的身心内消失。

• 我们的潜意识需要反复刺激，才能让你的想法真正存储进去，变成一种好的习惯。所以，对自己某些缺点的克制必须是持续和充满正向力量的。比如，在刚刚取得一点成就时，就明确告诉自己：“不能骄傲，这还算不了什么，前面的挑战才是真正的考验，我可以做得更好！”

3. 驾驭愤怒，不让自己在困难面前失控

著名成功学大师金克拉曾经历过这样一件事。他在某大学授课时，曾给毕业班的一位同学的成绩打了不及格。这个打击对这位同学来说简直太大了，因为他早就做好了毕业后的种种打算，而现在因为金克拉教授的原因，这些美好的打算都将不能实施。他面前只有两条路可以选择：一是重修这门课，这意味着他将在下一年度才能获得毕业证书，自己的计划不能马上实施；二是不要学位，但如果没有学位，他又很难找到理想的工作。

在得知自己不及格后，这位同学简直气死了！以往那些教授对学生的要求都不严格，尤其对毕业班的学生，只要分数差得不多，教授们通

常都会让他们过关。可现在这个金克拉教授却不肯让自己过关，他心里对金克拉充满了不满和愤怒。于是，他怒气冲冲地来到金克拉的办公室找他理论。

金克拉耐心地说："不是我故意为难你，实在是你的成绩太差了，我不能让你这样蒙混过关。"

这位同学承认自己在这门功课上的确没下什么功夫，但他还是试图说服金克拉能让他及格。他说："教授先生，我以前的成绩都是中等，这次我马上面临毕业，您能否通融一下，就让我顺利毕业吧！我已经做好了毕业后的各种规划，如果因为这门课不及格，我的一切计划就都泡汤了。"

但金克拉并不为所动。这位同学见金克拉的态度如此坚决，更加气愤了。他说："教授先生，我可以列举出本市50个没修过这门功课而照样成功的人，你这门课有什么了不起！你凭什么就这样为难我，跟我过不去呢？"

他发泄完后，金克拉并没有反驳，而是静静地等了一会儿，才对他说："你说的大部分都对，确实有很多人没学过我的这门课程。你将来也可能不需要靠这门功课成功，但你对这门功课的态度却对你大有影响。"

"什么意思？"

金克拉继续说："我能否给你提个小建议？我知道你对因为这门功课不能如期毕业而感到失望，我不怪你对我的愤怒。但请你用积极的心态面对这件事吧。这是一门非常重要的课程，如果不能由衷地培养起面对挫折的积极心态，你根本做不成任何事情。请你记住这个教训，也许五年后你就会知道，这将是你收获的最大教训。"

金克拉的一番话让这位同学陷入了沉思。几天后，金克拉得知这位同学真的去重修了这门功课，而且这一次他的成绩非常优秀。他说："那次不及格让我受益匪浅。这可能有点奇怪，但我现在却有些庆幸自己那次考试没有通过。"

每个人都会经历失败和挫折，但不要将失败和挫折的责任推给命运，也不要一面对失败就情绪失控，变得暴躁易怒，怨天尤人，而应仔细研究失败的原因是什么。很多时候，人们往往会花费大量的时间来设想最糟糕的结局，比如，一旦失败后自己就会损失一大笔钱，或者失去升迁的机会等，这其实是在预演失败。

斯坦福大学的一项研究表明，人的大脑的想象力会按照事情进行的实际情况刺激神经系统。比如，当一个人在被人无意碰了一下后对自己说："这个人一定是在故意跟我找碴儿！"这时，他的脑子里就会出现对方故意跟自己过不去的情景。试想，大脑中呈现这样的景象，你又如何能平静地化解眼前的矛盾呢?

研究还发现：人在愤怒的时候，肾上腺也会分泌出皮质醇（氢化可的松）、肾上腺素和其他紧张荷尔蒙；同时心跳加快，血压上升，呼吸短促而浅；肌肉紧张，大脑处于高度警觉状态。在与他人合著的《夺命怒火》中，杜克大学医学中心的威廉姆斯教授指出："愤怒造成典型紧张反应，使我们处于战斗或逃避的精神状态中。"

事实上，愤怒并不能帮助我们处理挫折和解决困难。相反，它可能还会让我们在困难和挫折面前失去控制，令事情变得更糟糕。所以，最好的办法就是运用自己的意志力驾驭愤怒，然后让自己在平静的状态下，找到解决难题的最佳办法。

（1）预演如何控制愤怒情绪

"预演"是控制愤怒的灵丹妙药，可以教你在遇到困难时提前控制怒火，以免真正被激怒时一发不可收拾。

• 列出最容易让你恼火的一些事，并把这些事按照从低到高的顺序列出"愤怒等级"，然后从最低一项开始，尽可能生动地想象自己身处愤怒时的情景。

• 描述你脑海中的那些愤怒的想法，并把它们写下来，接着想象你是如何发怒的。比如斥责别人、自己摔门而去等。将自己的愤怒程度写下来，用0~100%的数值来表示你的愤怒程度。

• 重新进入相同的心理场景，但这一次要用理智的想法来分析引起你愤怒的事情。也许你会发现，那些让你感到愤怒的所谓“困难”都只不过是你的“愤怒想法”。即使真的发生了这样的困难，让你愤怒的也只能是你对这件事的理解方式而已。

• 如此一来，当你真正遭遇这样的事情时，你也不会轻易发怒了。

（2）学几个“灭火”的妙招

在遇到困难时，发泄不但不能真正解决问题，还会令人因积累怒气而损害健康。所以，当你想要发怒时，不妨试试下面几个“灭火”的小妙招，平息自己的愤怒，从而冷静地寻找解决难题的方法。

• 让自己坐下来，身体尽量舒适，并让身体往后靠，这样做可以放松你的紧张心情。

• 用冷水洗洗脸，可以降低皮肤的温度，有助于平复心情，消除一部分怒气。

• 尽量让自己说话的语调平缓，有助于放松心情气氛也会随之减缓。

• 自己按摩肩部或太阳穴10秒钟，有助于减少怒气和缓解肌肉紧张。

4. 放低姿态，等待翻牌的机会

中国自古就有劝人戒骄戒躁的古训，诸如“小不忍则乱大谋”“三思而后行”等，旨在告诫人们凡事要有耐心。尤其在面对逆境和挫折时，更不能急躁、耐不住性子。

俗话说，“不想当将军的士兵不是好士兵”。每个人都想在自己的有生之年有所成就，这本无可厚非。但如果你只看到别人风光无限的外表，看不到他们曾经忍辱负重的努力和付出，因此不能脚踏实地地做事，急功近利，这种的冒进方式可能也只会让你落得个一败涂地的下场。

能够忍受一时的挫折，放低姿态，磨炼自己的意志，寻找合适的翻牌机会，是一种必不可少的心理素质。

三国时期，曹操想请司马懿出来辅佐他。司马懿见当时形势还不明朗，便推辞自己病了无法出仕。曹操派人前去打探，见司马懿整天卧床不起，只好作罢。后来，曹操势力渐大，司马懿才肯出来做官。曹操死后，曹丕、曹睿、曹芒先后继位，辅佐者为曹爽和司马懿。

曹爽独断专行，司马懿渐渐失去实权。这时，司马懿意识到了自己的险境，便又称病在家，不肯过问国事。曹爽听说司马懿病重，特意派一个名叫李胜的人去查看。李胜见躺在床上的司马懿又聋又哑，唠唠叨叨不停地说着废话，回来后就告诉曹爽，说司马懿那老头子只剩一口气了。曹爽终于放下一块心中的大石，更加独断专行。

但是，司马懿却在暗中秘密酝酿着夺权计划。魏嘉平元年，司马懿瞅准时机，集结了几千名精兵，迅速占领都城，罢免了曹爽的兵权。曹爽交出兵权后被软禁起来，不久又以谋反罪被诛杀。至此，曹魏政权落入司马家族手中。

凡是能成事者，在遭遇困境时，无一不是善于放低姿态之人。司马懿要夺取天下，但并不贸然行事，第一次装病是伺机而动，第二次装病是“示人以弱”，以保护自己。两次低头，最终抓住时机，将权力归于司马氏手中，建立西晋政权。可见，能够放低自己的姿态并不是消极避世，也不是不去面对困难，而是对利益的权衡所做出的最明智选择，也是一种拥有强大意志力的出色表现。

在前行的路上，如果一遇到困难就焦急慨叹，对解决困难是没有丝毫用处的，反而还会打击你的积极性，让你的意志力变得更加薄弱。若能放低自己，让一切从头开始，继续努力前行，并耐心地等待再次成功的机会，相信你也一定能收获自己的成功。

所谓“登高必自卑，行远必自迩”，就像爬山一样，你只能低着头，认真耐心地去攀登。当你付出辛劳努力之后，登高下望，你才能看到自己已经克服了多少困难，走过了多少险路。这样一次次的小成功，慢慢才能累积成大的、更接近理想目标的成功。最终的目标不是转眼之间就能实现的，在未付出辛劳艰苦和屈从忍耐的代价之前，空望着那遥远的目标着急焦虑都是没用的。唯有从基本做起，按部就班地朝着目标前行，你才能越来越接近它，慢慢地实现它。

（1）不要把自己放得太高

哈佛学院这样告诉学生：与其“好为人师”招惹麻烦，不如去“拜人为师”以求使自己成长。这并不是自卑，而是一种智慧。古人说：“唯有低头，乃能出头。”一颗种子如果不经过在坚硬的泥土中挣扎奋斗的过程，它将只是一粒干瘪的种子，永远不能发芽生长成一株大树。

所以，我们虽然需要不断激励自己前行，但也不要把自己看得过高，甚至常常一副高人一等的姿态。只有正确评估自己的价值，才能在任何时候都能做到能屈能伸，既不会被一时的成功冲昏头脑，也不会因为暂时的失败而一蹶不振。

• 适度地学会低头并不会被人看不起，反而会得到别人的尊重。所以，在遇到困境时不要逞一时之能，告诫自己：不但要学会追求成功，还要学会适度低头。

• 平时待人要学会留有余地，用平和的心态去待人处事，这种低调做人的方式往往能赢得他人的资助，让你更容易靠近成功。

• 有些事主动吃点亏也不是坏处，可能会为自己赢得机遇。处处想占便宜，事事骄狂，难免会侵害别人的利益，引来别人对你的不满和打击。

• 失败时学会等待时机，不要为了证明自己而盲目向前冲。不妨暗中积蓄能量，时机一到，出手便赢。

（2）在思想和细节上要保持高调

在放低自己姿态的同时，我们也不能忘记自己的目标。虽然暂时可能要蛰伏起来，但并不代表我们不再努力。相反地，我们仍然要在思想上不断激励自己，不论遇到多大的挫折，都要以坚持不懈的信心和毅力，将自己锤炼成一个意志力坚强、能做大事的人。

• 虽然表面放低了姿态，但内心却仍然要保持向上的激情，并做好自己的本职工作，在平凡的工作中不断提高自己的能力。

• 就算遭遇了人生的瓶颈，也不要轻言放弃，而是要集中思想，坚定意志，运用正确的方法从逆境中突围。

• 扎实的基础是成功的法宝，所以你要多向成功之人学习，脚踏实地，最好每一项基础工作，一步一个脚印地前行。

• 以积极主动的心态对待你的工作、你的公司，你就会充满活力与创造性地完成工作，并逐渐将自己提升为一个值得信赖的人，一个老板乐于雇用的人，一个逐步迈向成功的人。

• 对待工作中的小事也要倾注全部热情，不计较它是多么“微不足道”。“积少成多，集腋成裘”，你的能力也会一步步地获得提升。

5. 耐得住寂寞是成功的前提

国学大师王国维曾说过，古今成大事业、大学问的人，都必须经历三种境界：一是“昨夜西风凋碧树，独上高楼，望断天涯路”的寂寞、孤独；二是“衣带渐宽终不悔，为伊消得人憔悴”的执着和坚持；三才是“众里寻他千百度，蓦然回首，那人却在灯火阑珊处”的辉煌与成功。寂寞，是成功必不可少的基本底色。如果说寂寞是成功的根须，那么成功就是寂寞开出的花朵。没有根须，便难以有花朵。所以，耐得住寂寞，也是提升意志力、获得成功的一个重要前提。

耐得住寂寞，说起来虽然容易，做起来却很难。它要求你在遇到逆境时既能保持冷静的头脑，又能把握好做事的方寸，不灰心丧气，也不急于求成。这是每一个想成功的人都应培养的品质。

耐得住寂寞是一种无形的战斗力量，当你拥有它时，一定要好好珍惜和使用，它会带你克服一个又一个困难，直至取得胜利。在人生当中，有很多问题都需要你时刻能够耐得住寂寞，学会给自己一个独处的空间，在寂寞之中耐心思考，积极寻找解决问题的方案。这样，你才能让做出正确的决策，开辟出一条属于自己的成功之路。

（1）在寂寞中要善于思考

要学会耐得住寂寞，就要善于思考，在独处中学会把握一个“提前量”。拿捏好这个“提前量”，可以让你避免急于求成的不利后果，从而步步为营，走向成功。

• 如果在工作或生活中遇到困难，提醒自己一定要先稳定情绪，不要急于求成地去盲目解决问题，那样不仅于事无补，还会让你乱了分寸。

• 做几次深呼吸，努力让心情平复下来，然后对眼前的处境进行冷静的思考和分析，再制订出可行的计划。

• 还可以做一些松弛性的自我暗示，如：“事情再难、再急，也要一步步去做，焦急是无济于事的，天塌下来也要顶住，一定能闯过难关，完成任务！”这样可以帮你驱散紧张的情绪，让自己保持镇静。

• 当经过充分的准备后，再去排解难题或完成任务时，成功也会成为一种良性刺激，使你的神经得以进一步的松弛。

（2）用冥想化解寂寞

冥想是指停止大脑皮层作用，使自律神经呈现活络状态的一种方式。每天让自己坚持10~30分钟的冥想，可以让全身的肌肉、细胞及血液循环等都缓慢下来。而且在进入冥想状态时，不仅能体验到宁静和放松，一段时间后还会源源不断地涌出想象力、创造力与灵感，使人的判断力、理解力都得到大幅度提升。意志的力量增强了，烦恼、消极、压力也会随之逐渐化解。

- 选择一个固定的时间，最好是刚起床或临睡前，每次抽出至少20分钟时间来进行冥想。

- 选择一个安静舒适的房间，双腿盘坐在床上（也可以选择其他使自己感觉舒服的身体姿势，如坐在椅子上或平躺），放松身体，试着调节气息，使心境逐渐安定下来。

- 做三次深呼吸，从鼻孔吸气和呼气，同时让意识像呼吸一样弥漫全身。

- 定下心来，自然地呼吸，同时默默地关注自己的呼吸，将注意力集中在自己的鼻尖区域，渐渐呼吸均匀平稳。如果此时脑海中还有很多混杂的念头，试着挑选出一个最让你感到愉悦的念头。让它静静地旁观其他念头的出现和消失。你的呼吸也越来越平静，最后连观察者也无影无踪，喜悦随之降临。

- 闭上眼睛或让眼睛半睁半闭，让身体保持不动，并逐渐放松。注意：切忌心烦意乱，即使你的注意力被分散时，也要保持愉快的心情，以利于注意力回到呼吸上来。

- 不要期待在第一次尝试时就能成功。耐心及坚持是冥想的最根本条件。其实冥想的第一步就是放松，太刻意地想去达到某个境界反而容易导致冥想失败。

6. 不要一遇到挫折就想转身离开

我们经常说“逆境出人才”。的确，这句话有着广泛的适用性。很多成功人士，出身都不是很富有，但正是这种贫寒的家境造就了他们不屈不挠的性格和坚强的意志力，让他们最终获得了成功。

经济的窘迫、事业的惨淡、生活的艰辛，这是每个人都不愿面对的。但是，这样的不幸却很可能成为一个人在品格和秉性上实现飞跃的机遇。没有在逆境中的奋斗与磨炼，就很难让自己获得更大的进步，也难以让自己的生命焕发光彩。从挫折中走出来的人，会更加成熟、更加自信，意志力也更强大。这样，当他们以后再次面对挫折和逆境时，也更容易扛过去。

还有一部分人，稍一遇到挫折就想放弃，陷入逆境也不愿寻找办法解决问题，而是想快点逃避、离开，把困难留给别人。每个人的人生中都会遭遇困境，如果一遇到困难就想逃避，那又怎么能磨炼自己、提升自己克服困难的意志力呢？这样的人，自然也与成功无缘。

事实上，成功者与平庸者并没有太大的区别，只不过成功者在跌倒后比平庸者多站起来一次。当你迈步走在通往成功的路上时，也可能会遭遇挫折，但成功可能就躲在拐角的后面。若此时你转身离开，自然就永远不可能见到成功的样子了。

在美国，曾有一位穷困潦倒的年轻人。当他发现把自己身上全部的钱都凑在一起，也不够买一件像样的西服时，仍然全心全意地坚持自己的理想，那就是：做演员，拍电影，当明星。

当时，好莱坞共有500家电影公司，他逐一数过，而且不止一次。后来，他又根据自己认真规划的路线与排好的名单顺序，带着自己写的剧本前往拜访。但第一遍下来，500家电影公司没有一家肯聘用他。

面对百分之百的拒绝，年轻人并没灰心。从最后一家被拒绝的电影公司出来后，他又从第一家重新开始，继续他的第二轮拜访与自荐。然而，第二次拜访中，他又被500家电影公司全部拒绝了。

第三轮的拜访结果与前两轮没有什么不同，但这位意志坚定的年轻人咬牙开始了他的第四轮拜访。当拜访到第350家时，这家电影公司的老板终于破天荒地答应他留下剧本先看一看。

几天后，年轻人收到通知，该电影公司老板请他去详细商谈。就在这次商谈中，该公司决定投资拍摄这部电影，并由这位年轻人担任自己剧本中的男主角。

这部电影名叫《洛奇》。这个年轻人，就是国际巨星席维斯·史特龙。现在我们翻开世界电影史，这部名叫《洛奇》的电影与这位已经红遍全世界的巨星皆榜上有名。

现实生活就是这样，在你实现梦想的道路上，总会遇到各种拒绝和磨难，有的人轻易地转身离开了，有的人犹豫了半天最终也放弃了，这些人都是各种各样的失败者。当然，还有一部分人，他们根本就没考虑过“放弃”，反而成功了。

看到这些人，也许你会说他们是“笨人有好福”“运气真好”，但其实并不是你想的那样。很多人因为在性格中没有“轻易放弃”的意识存在，才会在做任何事时都全力以赴、目标专一，释放出强大的意志力，从而实现他们的目标。

也就是说，他们的词典中根本不存在“放弃”“离开”“退缩”这些词，所以面对任何挫折，他们的意识焦点也都会自动放在解决困难、摆脱挫折上，而不会产生一些消极的想法。这就是心灵控制的力量。当你的意志力足够坚定时，能量也会随之变得强大。你会吸引好的事情发生，并让自己保持在身心合一的境界之中。

（1）寻找能够激励自己的力量

遇到困难不轻易离开和放弃，你就可以完成自己的目标，实现自己的梦想。但在实际生活中，你肯定会有感到疲倦的时候。此时，不妨寻找一些能够激励自己的力量，让自己重新振奋精神。

- 在感到疲倦时，只要发现自己有任何做得不错的地方，就第一时间鼓励自己。比如对自己说：“今天我的工作做得不错，感觉很充实。”“这个提案我写得很好，很有专业水平。”坚持这样激励自己，你的热情就会像阳光一样给你温暖和力量。

• 随时调整自己的目标，尤其是发现某个目标不能激发你的动力时，更要马上调整，以确立一个既合适又具体的目标。

• 多结交那些希望你快乐和成功的人，你就会在追求快乐和成功的路上迈出最重要的一步。

（2）用你“心中的敌人”重新点燃你的斗志

所谓“心中的敌人”，也就是那些让我们陷入困境的“假想敌”，比如某些人或某些事等。当然，这并不是鼓励你运用暴力手段去解决，而是通过这种方式激发自己的斗志，鼓励自己努力战胜困难，突破困境。

• 在心里想象一下，是否有一些人或一些事总是处处刁难你，你的竞争对手此时是否正得意扬扬地向你炫耀他的成功。把他们想象成你的“假想敌”，从而激励自己战胜他们。

• 可以偷偷写下你的竞争对手的名字，或那些为难你的事物，把它们放在你的抽屉里或你随时能看到的地方，然后暗下决心，一定要克服这些困难。

• 当你感到疲倦，甚至想要放弃时，就想象一下自己战胜对手获取胜利时的景象。然后给自己鼓掌，或者大声对自己说：“我相信你的斗志又燃烧起来了。对了，它已经来了！”

• 拿出你的热情，积极主动地寻找解决问题的方法。只要发现任何自己做得不错的地方，就马上鼓励自己。比如，可以对自己说：“这段文字我写得很棒，很有专业水平！”“今天我又签下了一单生意，我距离自己的目标越来越近了！”……

• 经常进行充分的自我肯定，如“我现在的状态很好”“我完全可以战胜这些困难”等。经常让这些字眼在你脑海中浮现，可以在你的潜意识中种下积极的种子，增强你摆脱困境的动力。

7. 修炼专注的力量

修炼专注力也是克服困难、增强意志力的一个关键因素。在中国传统文化当中，专注的力量也是被人们一直提倡和推崇的。早在两千多年前，荀子就在《劝学》中讲道："故不积跬步，无以至千里；不积小流，无以致江海。骐骥一跃，不能十步；驽马十驾，功在不舍。锲而舍之，朽木不折；锲而不舍，金石可镂。"

还有句古话是这样说的：能够到达金字塔顶端的动物只有两种，一种是苍鹰，第一种是蜗牛。苍鹰能够到达，是因为它们具有傲人的翅膀；而慢吞吞的蜗牛能够爬上去，则是因为具有专注的力量，认准了方向就会一直沿着这个方向努力。

对于人类来说，能于众生之中脱颖而出者也实属少数。在这些人当中，资质优越、天赋异禀者又是少之又少；另外一种成功的人，就是像蜗牛一样的人物了。他们虽然资质平凡，却有鸿鹄之志，凭借后天的坚忍和努力，凭借对目标的专注和不放弃，同样能做出常人难以想象的成就。

在很多人眼中，王文京是"知识创造财富"这句话最生动的阐释。十几年的时间，王文京从一介书生发展成为一名身价高达数十亿元的优秀企业家，他一手缔造的用友软件也牢牢占据着中国财务软件的领导地位。

在谈及自己的创业历程时，王文京用最简单的语言概述他的精华："一生只做一件事。专注，坚持。要想在任何一个行业出头，必须有沉浸其中十年以上的决心，人一生其实只能做好一件事。"正是凭着这朴实而坚定的人生信条和一股专注目标的力量，王文京实现着用友软件商业化的梦想。

事实上，我们每个人的大脑中都蕴藏着巨大的能量，但只有很少的人能认识到这一点，至于懂得驾驭思想力量的艺术的人更是少之又少。如何才能运用这种能量，为自己带来帮助呢？破解这一神秘的关键就在于专心致志。掌握了修炼专注力的办法，提高对目标的专注能力，我们每个人都能很好地将大脑中的能量激发出来，为己所用。

然而现实生活中，很多人却不懂得利用专注的力量。在实现目标过程中，他们总认为自己不断被困难和挫折“眷顾”，致使努力漫无方向，浪费了大量的时间、想法和精力，甚至感觉意志力都被消耗光了，失去了前进的动力。其实这就是因为你缺乏专注力，导致自己的能量漫无目的地爆发，不仅造成了很大的能量浪费，还可能会因此葬送成功的机会。

如果你能将自己的精神力量集中在某一特定的目标上，全身心地投入进去，摒除其他一切外界杂念的影响，最大程度地展现自己的实力和影响力，你就会发现：自己的注意力可以全部投入到手头的工作当中，所有的困境、难题也变得容易起来，而且多余的工作和对能量的浪费也能最大限度地避免了。在这种状态下，我们的大脑也会释放出更多的能量，帮助你抵御挫折，战胜压力，朝着某个特定的方向心无旁骛地努力，直至实现目标。

既然专注力对成功有如此巨大的作用，那么我们要如何才能提高自己的专注能力，修炼专注的力量呢？下面的几个小方法也许能对你有所帮助。

（1）锻炼自己的抗干扰能力

相传毛泽东主席在年轻的时候，经常到熙熙攘攘的大街上去看书，以锻炼自己的抗干扰能力。

大家也一定都知道，一些优秀的军事家在炮火连天的情况下，依然能够非常沉静地、注意力高度集中地在指挥中心判断战略战术的选择和取向。生死的危险就悬在头上，还要能够排除这种威胁对你的干扰，来判断军事上如何部署。这种抗拒环境干扰的能力，的确是需要专门训练的。我们虽然不必进行这种专门的训练，但让自己具备一定抗干扰能力，对事业的开展还是很有必要的。

- 在做出一项决定时，三思而后行，学会运用前人的经验，还要多听听别人的意见，对你做出正确的决定很有益处。这并不意味着是别人在干扰你，而是综合别人的意见，再加上自己的想法，权衡利弊后再做决定。

• 在下决心后便开始执行。此时，你也会遇到很多事先没考虑到的困难，成为你所谓的“干扰”。但心态决定想法，只要在面对挫折和困难时足够积极、足够坚定、足够自信，不断自我激励，就能减轻自己内心的压力，轻松应对。

• 避免让自己陷入一些毫无意义的闲聊，并要学会如何果断地拒绝或结束别人与你的闲聊。

• 利用暗示，对外界的干扰“充耳不闻”，可以这样想：我不能和别人一样浪费时间，我要工作。即使忍不住要听或想走，也可以给自己找个借口，比如“我工作的时间够长了，应该换换脑筋了”，不要让自己觉得是受不了干扰才停止工作的。

• 尽量少与那些紧张、不安的人交往，因为那些容易焦虑不安、生气、烦躁、独断的人会削弱你的专注力。

（2）运用意志力提升专注力

提高专注力就是要大脑努力将瞬间的想法或观察结果留住，而把那些不需要关注的东西排除出去。这就要求我们具有坚强的意志力，运用意志的力量来提升专注力。

• 在一个安静的房间里坐下来，发挥意志力，将所有的胡思乱想和思虑都抛诸脑后，让大脑保持空白，并尽可能维持较长时间。

• 随后马上开始考虑一件事情，排除所有其他想法，将专注力尽可能长时间地集中在这个问题上。注意：并不是要你思考与这个问题相关的解决方法，而是将专注力集中在该问题上，就像目不转睛地盯着某个东西一样，将自己的视线、观察重点都集中在上面，然后让自己放松。

• 放纵自己的思想，让大脑随意想象一分钟，再把你能回忆起来的零星想法写下来。

• 保持安静，静坐一分钟，让大脑保持分析思考的状态，并顺着一条分析路线思考下去，要求自己保持5分钟。

• 每天都要重复上述几个步骤，并至少坚持10天，将对目标志在必得的想法根植入大脑中，你会发现，你的专注力也会在生活和行动中不断表现出来。

8. 唯有坚持，才能让意志力更强大

人们经常将成功归结于个人的天赋、兴趣等，正如很多人都说的那样："比尔·盖茨就是喜欢捣鼓电脑""巴菲特天生就善于投资"。

但是，对电脑有兴趣的人千千万万，为什么却只有一个比尔·盖茨？善于投资的人也成千上万，美国的华尔街就有无数这样的人，为什么没有几个能像巴菲特那样成功？

究其原因，还在于很多人缺乏坚持目标的意志力。对于这一点，畅销书作家斯宾塞博士曾说过："水滴石穿的坚持，就是意志力的完美体现，也是创造这个世界最伟大的力量。"

你可曾见过金马奖影帝在街边摆地摊？你可曾见过德云社一群人在剧场里给仅有的一位观众说相声？你可曾见过周星驰的角色甚至连一句台词都没有？……每一位成功者，都可能会有一段低沉苦闷的日子，我们几乎能想象出他们借酒浇愁的样子，也能想象出他们为了生存而挣扎的窘迫。

但是，他们凭借强大的意志力，将自己的梦想坚持下去，最终也成为坚持的受益者，而且这种坚持所能带给你的能量超过了天赋、兴趣。

柏克斯顿曾是一个头脑简单、四肢发达的顽童，其与众不同之处就在于他坚强的意志力。他幼年丧父，幸而母亲很有见识，经常敦促他磨

炼自己的意志，对一些可以让他自己去做的事，也总是鼓励他自己拿主意。因为他的母亲坚信，如果正确引导，让他形成一个坚强意志，那么对他来说就是一种难能可贵的品质。

伯克斯顿的意志力量，让他在小时候成了一个难以管束的顽童，但长大后却使他从事任何工作都不知疲倦且精力充沛。当成为一个酿酒公司的经理后，他对工作事无巨细，非常认真，使公司的生意空前兴隆。即便是在工作非常繁忙的情况下，他依然每天晚上坚持勤奋自学，研究和消化孟德斯鸠等人关于英国法律的评论。

伯克斯顿读书的原则是："看一本书决不能半途而废"，"对一本书不能融会贯通熟练运用，就不能说已读完"，"研究任何问题都要全身心地投入"。在这种原则的约束下，伯克斯顿掌握了丰富的知识。

后来，柏克斯顿通过努力跻身于英国议会。他曾在年轻时目睹了奴隶贸易和奴隶制度的种种黑暗，因此从政后，便下定决心，将在英国本土及其殖民地上彻底实现奴隶解放作为自己的奋斗目标，并矢志不渝地努力、奋斗。废除英国本土及其殖民地上的奴隶贸易及奴隶制度，既要与传统势力做斗争，又要与维护自身利益的贵族做斗争，其艰难可想而知，但柏克斯顿从未放弃，而是凭借坚强的意志力做到了。

事实上，在每一种追求当中，作为成功的保证，与其说是天赋、兴趣、才华，倒不如说是对目标的坚持不懈。新东方创始人俞敏洪曾说过："人生的奋斗目标不要太大，认准了一件事情，投入兴趣与热情坚持去做，你就会成功。"而能够将某件事坚持到底，就是一种强大意志力的体现。一个人如果能下定决心要做成某件事，那么，意志的驱动力也会促使他坚持下去，最终如愿以偿。

（1）我们需要保持自我

保持自我，就要尊重自己内心的正向想法，不会因为别人的反对而改变自己的立场，也不会因为别人的反对意见而感到消沉、忧虑。能够保持自我，也就不必处心积虑地寻求别人的认同和赞许，事事渴望得到别人的赏识，以至于未能如愿时便情绪低落，失去意志力。

• 如果你对某件事感兴趣，就一定要鼓励自己尝试一下，不要因为害怕失败而不敢去做。付诸行动，可能会失败，但没有开始，就永远看不到成功。

• 在坚持你的目标时，不要被一些约定俗成的东西或大家的习惯做法所束缚，要尊重自己内心的真实感受。因为那些约定俗成的东西未必完全正确，也未必适合自己，只要你认为自己是对的，坚持一下又何妨？

• 在做某件事时，如果你觉得自己很喜欢，并且觉得时间也过得飞快，那么证明这件事对你很有意义，你更应该坚持下去。

（2）展现出最佳状态的自己

成功的人，永远都是坚持到最后的那一个，因为他们对梦想从不放弃。但是，如果你想集他人的优点于一身，轻而易举地获得成功，那将是一种可笑的想法。要知道，这个世界上你是唯一的，要实现自己的目标，就必须展现出最佳状态的自己，充分利用上天赋予你的一切优点。

• 做一个有行动力的人，想做某件事时，就让自己马上行动起来，甚至尽量比别人先行一步，这样你的大脑也会对你产生非常积极的正面肯定，增强你的意志力。

• 在工作中投入充分的热情，主动想办法解决工作中出现的问题，既能给他人留下好的印象，又能从中学到很多知识，提升自己的能力。

• 拒绝头脑中出现的动摇念头，藐视“我可能坚持不下去”的想法，让自己时刻都保持积极的状态。

（3）经常进行反思和总结

经常对自己的工作情况进行反思，不仅能总结出更多的经验和教训，还能不断修正自己，清楚地看到自己行动的每一步，从而坚定继续走下去的决心。

• 随时反思自己，强化优点，改正过失，但不必一直将某些错误和不足放在心上。

• 不妨问问自己："这样坚持下去，最好的结果是什么？"同时，我们还可以大胆地想象自己所期待的最好结果以及我们可能取得的成功，以增强我们的行动力，战胜可能出现的困难。

• 也可以问问自己："最糟糕的结果是什么？"当我们开始面对这些问题时，一个客观而诚实的答案可能并不像我们想象得那样无法接受。

• 反思一下，自己是否还有需要改进的地方。如果有，一定要及时改进，不能拖延。

意志力修炼小结

• 逆境和挫折并不是什么坏事，相反，它能磨炼我们的意志，增强我们战胜困难的决心。

• 在遭遇困难和挫折时，先不要忙着愤怒和抱怨，发挥你的意志力，驾驭不满的情绪。

• 不要害怕寂寞，它往往能帮你积蓄力量，让你克服面临的一个又一个困难，直至成功。

• 做各种各样的专注力训练，并持之以恒，你的意志力就会不断增强。

第八堂课

培养好习惯，获得持久意志力

与其茫然地眺望着遥不可及的成功与幸福，不如从自己当下的生活中去挖掘成功的秘密。要知道，我们当下的一言一行都与自己未来的发展息息相关，所有的成功都是由一个个小习惯寸积锱累而来的。良好的习惯，往往比天赋和才能更重要，因为好习惯会放大我们的优秀特质，让我们创造出最大的人生价值。

1. 意志力可以战胜所有的坏习惯

在现实生活中，有的人事业辉煌；有的人碌碌无为；有的人屡败屡战，最终成功；有的人竭力奋争，结果一事无成。人生的棋局仿佛有一只神奇的手在指挥着每一个人。其实，这只无形的手不是别的，正是人的习惯。

1998年5月，华盛顿大学邀请世界巨富沃沧·巴菲特和比尔·盖茨前来演讲。当学生们问到“你们是如何变得比上帝还富有的”这一问题时，巴菲特回答说：“这个问题非常简单，原因不在智商。为什么聪明人会做一些阻碍自己发挥全部功效的事情呢？原因在于习惯。”对此，比尔·盖茨也深有同感：“我认为沃沧关于习惯的话完全正确。”

两位殊途同归的好友道出了自己成功的诀窍：习惯决定成功。北京大学心理学博士卢致新也说：“习惯两个字一直在起作用：一个人习惯于懒惰，他就会无所事事地到处溜达；一个人习惯于勤奋，他就会孜孜以求，克服一切困难，做好每一件事情。”这也就是为什么我们经常看到，成功的人似乎永远在成功，而失败的人似乎永远在失败。

那么，习惯为什么会有如此强大的力量，可以决定一个人的成败呢？这是因为，当我们不断向大脑传递某种观念时，这些观念就会逐渐深入我们的潜意识。而这种习惯性的做法会让潜意识对这些观念深信不疑，然后潜意识反过来又作用于行动，并会顽固地影响我们的行动。我们的行动在这种固定思想的指引下，就会体现出同一个规则，从而形成了我们所谓的“既定习惯”。

但是，并不是所有的习惯都是有益的。就像我们前面所说的那样，有的人碌碌无为，有的人虽然很努力，但最终一事无成，这多半是因为他们的某些坏习惯阻碍了他们的发展。如果你不有意识地提防这些坏习惯，它们就会霸道地掌控你的一切，即使某些事情是你不希望发生的，它也好像拥有一种不可抗拒的魔力让你顺从，而且你还只能无条件地顺从。

幸运的是，习惯虽然力量强大，但人们却有能力去改变坏习惯，并养成他们认为好的习惯，并让这些好习惯为自己服务。心理学家说，习惯是完全可以被指挥和利用的，我们应该避免被习惯左右，良好的个性和成功的行动得益于好习惯。在历史上，众多成功者的成功也都离不开他们自身所具备的好习惯。

美国建国期间，富兰克林就有一个习惯：每天晚上都要把一天的情形重新回顾一遍，看看自己哪些方面还存在着不足。他曾为自己总结出13个很严重的错误，如浪费时间、为小事烦恼、和别人争论冲突等。在富兰克林看来，除非他能减少这些的错误，否则就不可能有什么成就。此后，他便一周选出一项缺点来进行“搏斗”，然后再把每天的“搏斗”结果做成记录。到了下周，他会另外再挑出一项缺点，去进行另一场“搏斗”。

正是这一检视自我并努力改正缺点的习惯，让富兰克林取得了巨大的成功，成为美国历史上最受人敬爱也最具影响力的人。

好的习惯代表着好的方法，包括你做事的方法和思考的方法。一个有着良好的思考和行为习惯的人，他成功的概率也要比其他人高出很多。由于我们的每一次外在行为都源于思想的控制，所以一个行为良好的人，首先也应有着明确而优秀的思维。也就是说，我们必须从自己的思想入手，才能产生具有效果的行动。而要从思想入手，就要充分利用我们的意志力，去战胜那些阻碍我们成功的坏习惯。

（1）磨炼意志力，培养好习惯

好习惯谁都想养成和坚持，但无奈90%的人都无法坚持。这就需要我们不断磨炼意志力，然后运用意志力有意识地去控制习惯。

大部分人都认为，养成一个好习惯相当困难，而养成坏习惯却很容易。现实并非如此。科学家发现，一个习惯的养成大约只需21天的时间，而无关习惯的好坏。习惯只是坚持的结果，它的养成主要看个人毅力。如果你能始终坚持好习惯，你一生都能体验到它所带来的种种好处。

那么，要养成好习惯，如何磨炼意志力呢？《美国新闻》载文刊出心理学家总结出的5个磨炼并增强意志力妙招，不妨一试。

• 多考虑长期后果，不要贪图短期的快乐。耶鲁大学医学院心理学教授赫蒂表示，人们可以利用“思考未来”的模式来增强自己的意志力。

• 当坏习惯袭来时，轻握自己的拳头，将注意力转移到握拳动作及感觉上，从而克制坏习惯。

• 确立切实可行的小目标。目标较小，实现的可能性就越大。而如果学会将自己制定的目标减半，也有助于提高你的意志力。

• 让自己保持充足的睡眠。研究表明，每晚睡眠不足6小时的人，自控力往往会比较差，也容易控制不住自己的糟糕习惯。

• 一种新习惯的养成必须通过大约21天的过渡期，这样大脑才能将新习惯视为日常活动。所以，要不断给予自己积极的暗示，鼓励自己能够坚持下来，直到战胜坏习惯，养成好习惯。

（2）从最容易的事情开始做起

一个好习惯的养成并不是一朝一夕的事情，而是一个反复练习、潜移默化、日积月累的过程。当你的意志力不够强大时，若要培养良好的习惯，最好的办法就是从最容易的事情开始做起。如此一来，你可以很轻松、顺畅地完成这些容易的事，你的自信心、意志力和胜任感也会随之逐渐增强。

• 即使是一些微不足道的小事，也会影响一个人好习惯的养成。比如，早晨按时起床、按时吃早餐，晚上按时休息，经常进行健身锻炼等。

• 在日常生活中时刻提醒自己要自律，同时有意识地克服一些坏习惯。比如，针对自身性格上的某些缺点或不良习惯，限定一个时间期限，集中纠正，效果会比较明显。

• 将每天要做的事项列出一份清单，做完后就画去，工作和学习时间可以自行掌握。如果有些干不下去了，就休息一下；如果一下子全部做到了，就给自己一些奖励。

• 不论任何时候，都不要给自己纵容坏习惯的借口。即使累了，可以适当放松，但绝不能放纵。

• 做出某个决定后，一定要持之以恒，坚持到底，想尽一切办法来实施，不管这件事是微不足道还是举足轻重，因为这样有利于形成习惯。

• 习惯的养成就是一个积小成大的过程。倘若我们能在一些小事上也不放过对意志力的培养，则一旦遇到大事，我们也能表现出坚强的意志力来。

2. 找出坏习惯的根源

研究表明，一个人一天的行为中，大约只有5％是属于非习惯性的，而剩下95％的行为都属于习惯性的。好习惯可以让我们终身受益，而一个坏习惯就可能会令我们遭受无法估量的损失。所以说，习惯决定着我们的行为，决定着我们的思想，也决定着我们的未来。

很多人会想：“从明天开始我要开始锻炼身体了。”“下周我必须找一个满意的工作！”“我一定要加强自己的英语能力！”……但大多数的时候，我们只是停留在想的阶段，并没有真正行动起来，或只是做了一点尝试就退缩了。

明明是并不难养成的习惯，为什么却总是做不到？是我们的意志力出现了问题，还是我们根本就没有找到问题的根源？在回答这个问题之前，我们来看一个小故事。

有一位很勤奋的职业女性，对自己的要求十分严格。一年前，她希望能养成每天早晨5点钟起床读书的习惯，但试过很多次，每次都以失败告终。这让她感到很烦恼，感觉是自己的意志力不够坚定，便找到一位从事心理研究的朋友帮忙指导。

这位朋友听完她的叙述，就问她："我想知道的是，你每天早晨听到闹钟响起时是什么感觉。"

"我觉得又累又困，从内心里不想起来。"她很诚实地说出了自己的感觉。

"那么，你为什么会又累又困呢？是因为闹钟设得太早了吗？"

"嗯……应该不是闹钟太早，而是我睡得太晚了，早起会让我睡眠不足，所以才觉得困。"

"好，你瞧，问题的根源已经出来了。那么你为什么要睡得很晚？是失眠吗？"

"那倒不是，只是我每天要做的事情太多了，有时必须熬夜才能完成。"

"是你制订的计划太多，还是别人要求你必须完成这些工作？"

这位女士想了想，然后回答说："可能是我对自己要求太高了，总是给自己制订计划，但好像每次都比计划时间完成得慢。"

"你的做事效率怎么样？"

"不太高，有时做事会比较拖拉，但我又要求自己必须每天都完成计划。"

这位心理专家想了想，说道："其实你的意志力并不差。我认为，你不能早起的原因是你每天都睡得太晚，而睡得晚的原因是事情没做完，事情没做完是因为你白天工作效率不高。这说明你做事有拖延的坏习惯。”

女士点了点头。

心理专家继续分析说：“既然我们找到了坏习惯的根源，那么如果你能在白天提高工作效率，按时完成任务，晚上早点休息，保证睡眠充足，第二天即使5点起床，你应该也不会感到那么累了。所以，你现在要做的不是让自己必须每天坚持5点钟起床，而是解决工作效率不高这个问题。”

女士听从了朋友的建议，坚持一段时间后，工作效率不但提高了，而且也养成了每天5点钟起床阅读的好习惯。

其实很多人都像这位女士一样，意志力水平并不低，只是被一些坏习惯左右了自己的行为。但要改掉这些坏习惯，首先必须找出你形成这些坏习惯的根源。只有从根源上去改正，才能让自己真正摆脱坏习惯的困扰，从而养成更有利于生活和工作的好习惯。

（1）找出导致坏习惯的源头

习惯的力量是很强大的。它往往是一个人性格的反映，也是其思维模式的具体体现，更是其内在修养深浅的显露。好的习惯，是一个人最宝贵的财富。有了好习惯，做什么事情都自然而然，水到渠成。一旦被坏习惯所左右，那么，挫折也必然会不断袭来，甚至造成比较严重的后果。

可是，很多时候我们对自己的坏习惯是完全不自觉的。所以，要想改掉坏习惯，首先应弄清楚为什么自己会有这个坏习惯，是否有哪些根本原因你没有意识到。如果不能从根源上解决，早晚你还会回归到那个坏习惯上。

- 让自己静下心来，然后找出纸笔，将自己的一些习惯分类写下来，一类是好习惯，一类是坏习惯。
- 写完后，逐一分析所列坏习惯，为什么会产生，又有什么后果，等等。

• 也可以试着做这样一个练习，同时找出问题的关键：为什么我总是工作效率低下？——因为我从不提前做计划，大部分时间都处于盲目工作的状态。为什么我的生物钟总是颠倒？——因为我总是熬夜打游戏。

• 弄清楚原因后，再从根源上去寻找解决问题的方法，并坚持一段时间，尽量将那些经常让自己处于不利境地的坏习惯改掉。

（2）重建良好的思维习惯

我们都知道坏习惯不好，但要改变这些习惯也不是一件容易的事。否则，也就不会有那么多人吸烟、酗酒或沉迷于网络游戏了。坏习惯一旦养成，也会像好习惯一样，在我们的潜意识中根深蒂固，要改掉非常困难。

不过，我们可以让自己重新建立起良好的思维习惯，用逐渐养成的好习惯覆盖原来的一些不良习惯，从而从根本上剔除那些可能对你产生不良影响的坏习惯。

那么，如何打破一些陈旧的思维习惯、坏习惯，培养良好的思维习惯呢？

• 努力坚持，面对具有挑战性的项目也不轻易放弃，并能通过尝试不同的策略或运用自我激励的方法，来达到解决问题的目的。

• 做事前能够深思熟虑，反复思考后再采取行动，不要盲目地开始一项工作或计划。

• 遇到新的、重要的信息时，即使这些信息与我们脑海中那些根深蒂固的习惯相违背，我们也要让自己调整想法。

• 善于总结和学习，不要轻易被固有的旧习惯或旧思维所左右，要善于接受新的信息和意见。

• 适当改变一些常规习惯，让生活发生一点变化，比如：换一家饭馆吃饭；将车停在家里，坐公车去上班；等等。这些变化都会让我们感受到不同思维和不同习惯所带来的不同结果，从而在一定程度上取代原有的思维和习惯。

3. 保持独立思维，重获高效的自我

著名艺术家齐白石老先生有一句名言：“学我者生，似我者死。”意思是说：学习他人长处的人是有前途的，模仿他人所有的东西，包括优点和缺点，想和他人一模一样，这样的人就是没有前途的。

这句话用在艺术上是如此，用在工作及创业上也是如此。走别人走过的路，自己没有独立的思想，是不容易成功的。你可以向别人学习，但必须走自己的路，并具有自己独立的个性和思维，这样才有可能获得属于自己的成功。

保持独立的思维能力和判断能力，是一个成功者必备的素质。

1993年，张朝阳在美国获得了麻省理工学院的博士学位，并留校继续物理学博士后的学习和研究工作。但几个月后，他的人生发生了巨大转变——这位物理学博士放弃了物理学研究，毅然回国创业。

回国后，在短短两年之内，张朝阳就将自己所创立的“搜狐”品牌办成了一个广为人知的著名网站。跟随张朝阳的是一大批学成归来的博士、硕士，他们除了聪慧的大脑、令人羡慕的学历外，可以说一无所有：没有资金，没有企业经营管理经验。但是，他们有敏锐独特的眼光和勇往直前、不惧失败的执着，还有从头开始、从小处做起的耐心与意志力。他们用一种新的、独立的思维方式和行为方式，给众多商界人士带来了全新的启迪。

从本质上来说，一个人生下来就都具有独立性和依赖性的双重个性。那些能够取得成功的人虽然同样具有一定的依赖性，但他们更具备强大的独立性。而他们的成功往往也得益于他们善于摆脱依赖性、努力实现独立性的品质。

具有独立的个性也是意志力的一种表现。它主要表现为一个人自己有能力做出重要的决定并执行这些决定，有责任并愿意对自己的行为所产生的结果负责，并深信这种行为是切实可行的。只有保持独立的思维，才能凭借自己的

意志力和坚定信念，重获高效、成功的自己。

曾有人问股神巴菲特："如果股市出现了问题，你会去请教什么人？"

巴菲特回答说："投资成败一定源于思想层面的深刻领悟。所以，当真正出现问题的时候，只有对着镜子说话。"

这表明，真正的成功者是具有非常强的独立思考能力的人，必须通过自己的思考去最终解决问题。

巴菲特还曾说过："如果你想理发，就不要问理发师你需不需要理发。当有人想让我采纳他们的意见时，我会告诉他们：'用我的头脑加上你们的钱，做得更好。'你必须学会独立思考。我一直很不明白高智商的人为什么会轻易地去模仿别人！我们从不把好的主意告诉别人。""在决定什么东西是对、什么东西是错的时候，我必须依靠自己的独立思考去做出判断。我认为，如果我们每个人都能依靠自己的独立思考去做判断，那么这个世界将会变得更美好。即使我们的思考都相同，做出的判断也不一定一致。"

一个成功的人，一定会认识到独立的价值和作用，即使他承认专家权威的存在，但也不会盲目地信从他们的建议，而是会保持独立的思维。事实上，每个人的言行都源自特定的环境、场合，对别人可能是"灵丹"，对自己却未必就是"妙药"。凡是不适合自己的言语，不论是多么具有权威的人说的，也不管其理论上是否行得通，在成功者眼里都是没用的，他们一定会有自己独立的思维和头脑。

那么，我们要如何保持自己独立的思维，并听从内心的选择，让自己强大起来呢？

（1）别轻易受到他人观点的影响

与思维独立相反的意志品质就是受暗示性。受暗示性的主要表现就是盲从、缺乏主见，很容易受他人观点的影响。容易受暗示性影响的人，其行为动机也不是从自己已形成的观点和信念产生的，而是受他人影响的结果。这样的人，很难坚持自己的观点和目标，也很难获得成功。

其实在人生当中，许多事情都要我们自己决定、自己面对。无论是自己行的路，还是做的事，都需要我们具有独立的思维和见解，不要轻易就被他人的观点所左右。

• 凡事都要有自己的主见，即使身边有人试图说服你或用负能量影响你，也要尽量向对方传递你的正能量，而不是被对方所影响。

• 在遇到问题时，不要只等待别人的答案，而应先自己想想该怎么解决，然后把想法说出来，无论对错都是你个人的独特思考。

• 永远不要试图跟在别人后面或模仿别人。你也许在无意识中存在这样的意愿，但一定要有意识地想出新的观点和看法，开辟新的途径。

• 学会肯定自己的进步，遇问题时多问几个“为什么”，或换个角度展开联想，用内心的语言告诉自己：想要比不想好，想得不对没关系，这是求知过程中的正常现象。随着联想的发散及发散后的归纳，你也就有了独立思考、分析和解决问题的能力。

（2）为你的决定负起责任

无论面对什么事，对自己所做出的决定负责都是非常重要的。责任总能让你截断那些正在进行的负面思想，抛弃那些存在于我们大脑中的不美好的画面，以及不好的感受，给你的思维一个正确的方向，使其朝着美好的方面发展。而美好的思维总能召唤美好的事物，让我们拥有美好的感受，将其付诸行动，最终令自己想要的结果出现。这就是责任所起到的作用。

责任感是需要意志力来支持的，只有有了坚强意志的支撑，你才能在履行责任的过程中抵制各种诱惑，维护自己的观点，恪尽职守。这样，才能令其他人对你的观点和思维产生信任，并协助你迈向成功。

• 为自己选择正面的思想，想象自己所期望的美好，想象你的工作完成得很顺利、你的事业很成功……让有关美好的思想逐渐清晰。

• 不要因为害怕失败而不敢接受工作中一些挑战性较强的任务。即使真的失败了，对你来说也不过是增加一次深刻的教训，这同样是在为成功积淀经验；而一旦成功，你的价值就会得到充分提升。

• 如果发现你的头脑中出现了一些影响你努力的负面思想，要及时截断它们，并将其通过合理的途径释放出去，不要让这种负面情绪阻碍和影响你的进展。

• 经常留心观察和学习其他人的经验，他们可以是你的领导、同事、朋友，也可以是一些有着丰富经验的知名人士。在学习他们成功经验的同时，还要不断总结那些导致人们失败的教训。

• 不要将所有的业余时间都用于娱乐，不妨多参加一些有助于提升自己专业技能和其他技能的培训班。当然，这也需要注意择优选择，不要盲目，否则只会浪费自己的时间和精力。

4. 自动自发是意志行动的第一步

现今的职场上往往存在着三种人：一种是得过且过的人，无论做什么事、从事什么工作，都是做一天和尚撞一天钟；另一种是被迫向前的人，为了生活不得不忙碌奔波，时常陷入压抑、痛苦的状态；还有一种是自动自发的人，他们将工作当成自己的事业，而不是聊以糊口的依靠，更不是打发时间的工具，因而也能积极主动地投入到工作当中，做出不错的成绩。

自动自发是意志行动的第一步，而超强的意志力往往也影响并支配着自动自发的人，让他们不仅在工作上恪尽职守，还会更加深入内在，探求更多的东西，对工作抱有一种非顺利完成不可的使命感，甚至为之孜孜不倦、乐此不疲。这样做的结果，就是既获得了名望，又获得了财富。

事实上，自动自发的精神和心态也会改变我们对自己的认识和评价，并让我们渐渐清楚自己的目标，学会主动安排眼前的生活。一旦进入这种境界，我们也将能获得无限的平静和成就感。当我们跨过这个阶段后，所处的环境和人际关系也将呈现出另一番景象，因为我们的心态已经不同了。从此，无论对自己还是对他人，由于不再抱有特定的想法，人际交往中也不再期待他人的回报，彼此间的互动关系也将会变得更加融洽自然。

试想一下：如果我们习惯于每天都自动自发地投入到工作当中，积极接受领导分派的任务，协助配合同事完成工作，并始终保持热情、乐观的情绪和心态，有哪个老板会不喜欢你？有哪个同事会不愿意与你合作？在这种环境下，你的潜能一定会不断地得到开发，意志力水平也一定会有所提升。

在第二次世界大战中，起初美军由于不善于两栖作战而缺乏充分的情报，所以损失惨重。如果要反败为胜，就必须获得详细的敌方情报。但当时没有卫星技术，所有详细的情报都必须依靠人力去侦察探测。可敌军防区守卫森严，又时不时地有炮火攻击，侦察人员很难深入进去。

最后，侦察的任务落在海军特种部队的一支志愿军头上，他们可以实施海陆两栖作战。他们愿意去任何地方，愿意做别人不愿做或做不了的任何事。他们执行任务时毫无怨言，但总能全力以赴地完美达成。

就是这些具有钢铁般意志的人，自动自发，突破重重封锁，最终潜入敌军内部，搜集到了大量的情报，为常规部队的顺利作战立下赫赫功绩。当时人们给予他们很多绰号，其中最响亮的当属“蛙人”。

在如今的生活和工作当中，我们每个人都应该像“蛙人”一样，在强大意志力的支配下自动自发，对工作和任务采取积极的行动，并竭尽全力去完成。而拥有自动自发精神的人，也都是具有坚强意志力的人。他们对自己要求严格，不需要任何压力和督促便能积极行动，朝着目标的方向努力。其间无论遇到多大的艰难，他们也会尽可能地挖掘自己的潜能，使任务得以顺利完成。

一项工作能否顺利完成，并不完全取决于执行者的能力，而是取决于他能否释放自己的能量，推动自己不断前行。每个人的心中都隐藏着一头雄狮，每个人也都有成功的潜能和机会。只有积极主动地激励和要求自己，才能比别人更快进入状态，找到通往成功的捷径。

著名成功学大师马克·杰弗逊说：“一次行动，足以显示一个人的弱点和优点，能够及时提醒此人找到人生的突破口。”毫无疑问，那些成大事者，都是善于自动自发地行动的人。在人生的道路上，我们需要用行动来证明那些曾让你心动的金点子。否则，它就只会是一句空话。

（1）把工作当成一种乐趣

许多人在工作时，常常把自己当成一个打工仔，无论对什么事都抱着一种“差不多就行”的态度，不思进取，推诿塞责。这对于修炼我们的意志力是十分不利的，不仅会让我们的意志力水平不断降低，还浪费我们自己的和精力。

其实，我们完全可以换一种态度，不要把工作当成是一种谋生手段，而是当成一种乐趣、一种让你身心愉悦的东西。这样你才能为工作全情投入，并愿意自动自发地行动起来。

• 在工作当中，不要消极地认为自己只是一个打工的，要学会寻找工作中的乐趣，逐渐热爱自己的工作，甚至可以将工作当成实现自我价值的一种途径。

• 随时提醒自己工作的目的是什么。比如，当我们工作时，别人将受惠于我们的付出，我们的付出将在一定程度上改善他人的生活品质。这样的工作怎么会没有价值呢?

• 最好能从事一项自己擅长和喜欢的工作，将热情与事业结合在一起，才最能发挥你的潜力和积极性。

（2）凡事主动多做一点

多做，就意味着多一份机会和选择。而且，多做一点也意味着多一点对自己的挑战，从而更多地发挥出自己的潜能。

所以，凡事主动一点、多做一点，养成这种习惯也许并不会让你损失什么，却能帮你赢得更多的成功机会。

• 在工作中，自己主动多做一点，而不是被动地多做。这两种做法在主动性上有着根本区别，也是是否具有自动自发精神的一种体现。

• 做事时一定要用心。努力没错，但努力只能把事情做对，用心才能把事情做好。两种不同的做法，也必然会引发两种不同的结局。

• 要成为一个做事主动的人，进行注意力的训练是很有必要的。而要进行注意力的训练，就是把你眼前的事情做好。只有让事情精益求精，才能取得最终的成就。

5. 不要进行自我设限

有人曾做过这样一个实验：向一个玻璃杯中放入一只跳蚤，他发现跳蚤立即轻易地就跳了出来。重复几次，结果都是一样。根据测试，跳蚤跳的高度一般可达它身体长度的400倍左右。

后来，这个实验者再次将这只跳蚤放入杯子里，但这次他立即在杯上加了一个玻璃盖，跳蚤向上跳起时，一下子重重地撞在玻璃盖上。但跳蚤并没有停下来，而是不断地跳起，也一次次被撞。渐渐地，这只跳蚤变得聪明起来，开始根据盖子的高度来调整自己跳跃的高度。再过一会儿后，这只跳蚤再也没有撞击到这个盖子，而是在盖子下面跳来跳去。

一天后，实验者把玻璃杯的盖子轻轻拿掉了，可跳蚤依然在原来的高度继续地跳。一周后，他发现这只跳蚤还在玻璃杯里不停地跳着，但就是不肯跳出来。

在现实生活中，许多人是不是也过着跳蚤一样的“人生”呢？年轻时意气风发，一次次去追求成功，但往往事与愿违，屡屡遭遇失败。几次失败后，他们也开始变得要么颓废退缩，要么怀疑自己的能力，而不再像以前那样，千方百计地去追求成功；甚至一再降低成功的标准，即使原有的一切限制已经取消。就像那只跳蚤一样，头顶上的“玻璃盖”虽然已被取掉，但它早已被撞怕了，或者说已经习惯了，不再跳上新的高度了。

是跳蚤真的不能跳出这个杯子吗？当然不是。只是它的心里面已经默认了这个杯子的高度是自己无法逾越的。也就是说，它对自己进行了自我设限。让这只跳蚤再次跳出玻璃杯的方法也十分简单，只需拿一盏酒精灯在杯底加热。当跳蚤热得受不了时，它就会“嘣”的一下跳出去。

可见，困住跳蚤的并不是那个杯盖，而是它自己。人有时候也是这样。很多人不敢去追求成功，并不是因为他们真的不能成功，而是他们心中已经为自己设定了一个限制，默认了一个“高度”。而这个高度也会常常暗示自己的潜意识：我是不可能成功的，这是没有办法做到的。在这种暗示的影响下，你也等于是切断了自己前进的路程，切断了接触成功的管道。只有“心理高度”的局限，才是人们无法取得成功的根本原因之一。

事实上，人的大脑是有很大潜力可挖的。据资料显示，一般正常人的大脑由100亿~140亿个细胞组成，可以储存1000万个亿信息单位，而一个人一生中能利用的却不过2%~5%。据说，爱因斯坦是用得最多的人，也只用了10%。同时人的体能也同样具有巨大的潜力，这也是为什么一代代运动员在同一运动项目上一次次地超越别人，一次次地打破世界纪录。

《论语》中，孔子的弟子冉求与孔子有这样一句对话。冉求曰：“非不说子之道，力不足也。”子曰：“力不足者，中道而废，今女画。”

这两句话翻译过来就是，冉求说：“我并非不喜欢您的学说，只是我的力量不够。”而孔子说：“如果是力量不够，走到一半就再也走不动了。现在你却是为自己划定了停止的界限，不想再向前取得进步了。”这也是孔子教育弟子不要“自我设限”的典型语录，同时也说明了一个道理：每个人都应该善于冲破“自我设限”的束缚，努力向着更高的目标挑战，这样才能最终实现自己的人生价值。

（1）不要为自己预存太多的“不可能”

大多数人都爱“自我设限”，在他们的思维习惯里也有太多的“不可能”，许多事情还没开始动手做，自己就先想当然地否决了，从而偃旗息鼓、不战自败。这就是许多人不能成功的原因。

所以，要想取得成功，就不要在自己的潜意识中为自己预存太多的“不可能”，限制自己能量的发挥。我们应该多激励自己，努力释放自己体内的潜能，从而获得更加持久的意志力，直至实现成功。

- 改变你大脑中固有的观念，告诉自己：“过去失败不等于未来永远失败，成功就在下一次。”
- 保持积极、乐观的心态，经常给自己积极的心理暗示，如“我能行！”“我喜欢我自己！”“我是最棒的！”“我一定要成功！”等等。
- 将你获得成功的景象视觉化，尽情地想象自己成功时的一切景象，包括一些细节。“想象”是最理想的训练场，能使你时刻以成功者的姿态站在那里，不断激发自己的潜能。
- 重复进行上面的操练，并使之成为一种习惯。
- 即使遭遇了失败，也要坚持尝试不同的方法去做每一件事，并从中不断学习和总结经验教训。

（2）努力转换那些自我设限的想法

当我们遇到挫折时，不要随意进行自我设限，而是思考一下，世界上有哪个人是自己所崇拜的对象，他们是如何成功的。多想想他们的成功之道，而不是研究自己有哪些“不能”。这一点对突破自己很重要。如果我们能够转化那些自我设限的想法，我们的面前也将会是一片海阔天空。

- 遭遇失败时，努力让自己冷静下来，然后思考一下，你的内心当中有哪些自我设限的想法，又该如何突破。

• 如果你认为自己是过于年轻而没办法成功，那就看看整个世界上，有没有比你更年轻而成功的人；如果你觉得自己是因为太老而无法成功，也看看整个世界，又有多少比你还老的人获得了成功；如果你觉得是因为自己的家庭背景不好而无法成功，同样看看这个世界上，是不是还有家庭背景比你差却成功的人呢。

• 每一件事都为自己找一个实际的案例，用来激励自己，推翻自己那些所设限的想法，这样你也将能够实现自我突破，再次变得充满激情。

6. 脚踏实地才能站得更稳

很多人可能都有过这样的经验：站在沙堆里时，无论怎么使劲跳，都不如在结实的路面上跳得高、跳得远。其实做事也是如此，如果我们不能脚踏实地地做好平凡的工作，总是好高骛远，也就等于没有打好坚实的基础，那又怎么能向上跳得更高，取得进步呢?

石油大亨亨特曾一度成为全球首屈一指的亿万富翁。有一次，一位记者问他“成功的秘诀”是什么，他回答说：“想成功只需做到三点。第一，确定你想要什么；第二，确定你愿意为此付出多大的代价；第三，也是最重要的一点，即你愿意为此付出代价。”

在实现成功所需的诸多必要条件中，仅次于确定目标的就是你的意愿。而成功的人往往愿意为实现成功付出代价，踏踏实实地工作，于是实现目标也只是个时间问题。

其实无论你现在从事什么样的工作，也不管你正担任什么职位，只要认真对待自己的责任，脚踏实地、全力以赴，自我成长将是你所获得的最好回馈。因为通过经验的累积，不仅能让你的外在工作能力有所增强，内在的心智也会随之成长。如此“里应外合”，奠定了坚实的基础，也就做好了追求下一阶段成功的准备。而这一切都需要你的自律精神及强大的意志力作为基础。

但是，现实中有些人，整天都在幻想自己能获得伟大的成功，却从不愿付出努力。有个词就是专门形容这类人的，即好高骛远。

好高骛远的人，总以为人生是有“直达车”的，自己可以不经历任何困难就能直达终点，不经历低谷就能直达高峰，舍弃细小而直达博大，跳过近前而直达远方。目标远大固然很好，但你光有远大的目标是远远不够的，还得要为此付出努力才行。如果只是空怀大志却不愿脚踏实地地去付出行动，再远大的志向也只是空想。

相反，如果我们能脚踏实地地坚持做好自己的工作，就算一个资质普通的人，也终会做出“铁杵磨成针”的成绩。“千里之行，始于足下”。一切成功和辛勤的付出都是成正比的，有一分辛劳才有一分收获，日积月累，积少成多，量变引起质变，才能离成功越来越近。

有个人很热衷学功夫，缠着要拜一位老师为师。不过老师收学生有个规矩，凡是吃不得苦，坚持不下去的人不要，所以就让他站一下大马步，能站5分钟就留下，否则走人。

大马步桩是武功的基本功夫，也是一种很吃力的功夫。这个人只站了不到1分钟就放弃了。无奈之下，只能回去。

回去后，他感到很羞愧，发誓一定要争回这口气，不是只站5分钟，而是要站30分钟。当天晚上，他就开始练习，但站了不到1分钟又不行了。第二天继续站，还是不到1分钟。反反复复一个多月，他也没多少进步。他感觉再这样练下去也不会有结果，因为这种反复不是在增强自己的意志力，反而是在不断地销蚀他本来就不坚强的意志力。

他思前想后，忽然发现这是自己好高骛远的结果，连1分钟都站不了的人，每次想着30分钟就只能更加泄气。于是，他先把目标定在1分钟上，等自己能站到1分钟后，又延长到2分钟、3分钟、5分钟，……直到有一天，他一站就是30分钟。

这个故事告诉我们：意志力不是凭空而来的，增强意志力也需要脚踏实地去实践，不能好高骛远。只有养成做事一步一个脚印地向前走的习惯，才能积少成多，最终实现预定的目标。

（1）保持空杯的心态

要让自己改掉好高骛远的习惯，脚踏实地地对待学习和工作，首先就要让自己保持空杯心态，调整好自身的状态，把自己想象成“一个空着的杯子”，而不是骄傲自满、急功近利。因为只有把杯子里的水倒空了，你才能重新装进东西，如此才能激励我们不断学习、进步。

• 不论何时，都不要轻视你的工作，更不能厌倦你的工作。

• 正确地评价自己，端正自己的心态，切勿盲目攀比、急于求成，看到别人怎么样，自己也不切实际地想怎么样。

• 随时对自己拥有的知识和能力进行重整，清空过时的，为新知识、新能量的进入留出空间，保证自己的知识与能力总在不断积累、更新。

• 积极主动地做事。不要因为某些工作没做过、没经验，就搪塞了事，而应积极主动地去做些挑战性的工作，提高自己的能力。

（2）选择自己擅长的工作

选择自己擅长的工作，并去热爱它，踏踏实实地工作，这才是成功者必备的素质。当你选择了自己擅长的工作后，效率就会高出很多，当然前提还是你脚踏实地地去工作，这是成功的一件重要法宝。

• 熟悉自己身上的优势和劣势，知己知彼，这样才能选择适合自己的职业方向和适合自己的工作。

• 不论从事哪种工作，都不要三心二意，既然选择了，就要投入全部的精力，踏踏实实地从一点一滴的小事做起。

• 不要太在意你的收入问题。即使在一个低端的行业，你能踏实努力地工作，也会比在一个高端行业里乏味地工作收获得多。

（3）从小事做起，凡事做到位

“海不辞水，故能成其大；山不舍土石，故能成其高。”在工作当中，不可能经常发生什么大事，倒是普普通通的日常工作充满每一天。我们只有从小事做起，才有机会做大事。所以，对任何一件小事都不能言其小，也不能厌其微，而要尽心尽力去做，力争把每一件小事做到位，这对我们的意志力水平也是一种有效的修炼。

• 不要对工作当中的琐碎小事感到厌烦，如打印材料、取送报告等。工作本无大小，心态才是关键。

• 不要因为事情琐碎、不重要就散漫粗心，三心二意。只有将每件小事都当成大事来积极认真地完成，才能逐步培养起我们“做大事”的能力。

• 用心做好每件事，把每件事都做到位，是一种脚踏实地、积极负责的态度表现。而做事踏实、富有责任心又是一个人成就大事的重要素质。

7. 拒绝空想，好习惯从当下开始

人人都想养成好习惯，所以我们经常听到有人说：“我要是能养成每天早晨按时起床去跑步的习惯，我的身体一定会更好。”“我如果能在工作时专心致志，工作效率肯定不是现在这样。”……

很显然，这些想法都是好的，但有几个人能真正把这些想法付诸行动并养成习惯呢？可能很多人都只是想想而已，真正做起来却备感困难，甚至中途放弃。

我们常说，一次行动胜于百遍胡思乱想，凡成大事者必是能把想法付诸行动的人。一个好的想法，是成大事者的起跑线，而决心是起跑时的枪声，行动则犹如奔跑者全力的急驰，唯有坚持到最后一秒，方能获得成大事者的奖杯。

我们已经承认，在我们的身体内拥有一种强大的本能，在它背后蕴藏着无限的智慧和能量。一旦你懂得开发它，就能拥有无穷的力量。而且毫无疑问，每个人都可以拥有这种巨大的、可操控的力量，它是你的心灵与外界完美契合的产物。但是，如何才能激发出这种潜在的能量呢？方法就是依靠你的行动。

心灵能量得以释放的前提，是我们将具体的设想付诸有效的行动：一切美好的设想一旦进入潜意识，它就会让你的行动产生预期的效果。

具体到我们要培养的某种习惯，首先就是要你在大脑中承认并认可这种习惯的好处，然后积极行动，不断强化这种习惯，直到它真正成为属于你的一种习惯，并发挥出积极的效用。

然而，生活中很多人却做不到这样。即使想法是可行的，各方面的条件也都具备了，但就是不见行动，这是为什么呢？决定存钱，却偏偏把钱花光；想早起朗读英语，却每天都睡到日上三竿；想戒烟戒酒，但仍然照旧……

之所以光有想法没有行动，分析起来，最主要的原因还是意志力薄弱。一遇到困难、挫折，想到的往往不是如何战胜这些困难，而是放弃、撒手，忍受不了行动带来的痛苦，因而也容易半途而废。既缺乏行动，又不能坚持，怎么能养成好的习惯，实现最终的目标呢？

任何希望、计划、梦想，最终都要落实到行动上。只有开始行动了，你才有可能把想法变成现实。世界著名大提琴手巴布罗·卡沙斯，在取得举世公认的艺术家头衔之后，依然坚持他那每天练琴6小时的习惯。有人问他为什么还要这样勤奋练琴时，他回答说：“我觉得我仍在进步。”

习惯能够载着你走向成功，也能驮着你滑向失败。怎样选择，完全取决于你自己。著名成功学大师马克·杰弗逊说：“一次行动，足以显示一个人的弱点和优点，能够及时提醒此人找到人生的突破口。”毫无疑问，那些成大事者，都是能立即把想法付诸行动的人。所以，我们要养成好的行为习惯，也必须从当下开始，马上行动。

（1）做一些你并不想做的事

要想养成一个好习惯，就需要我们用心地反复练习，有时候甚至需要我们做一些自己并不想做的事。不过为了培养有利于我们成长和成功的好习惯，坚持做一些不想做的事，对提升我们的意志力也是很值得的。

• 想一件你觉得的确应该做，但一直都不想做的事。比如，每天早晨都进行5公里的慢跑，并养成风雨无阻的习惯。

• 在做之前，先向自己传达这样的思想：“我喜欢做这件事，我愿意做这件事。”然后带着愉悦的情绪去做。

• 在进行的时候，也要让自己带着兴趣，找出做这件事最完善和最有效的方法。比如，可以这样激励自己：“养成这样的习惯，可以让我的身体变得更好。”“如果能坚持下来，我就能参加下半年的长跑比赛了。”

• 只要用心去做，你就会发现，完成这件本以为很痛苦的事其实并不难，而且还让你获得了一个新的好习惯。

（2）为养成好习惯制订一个计划表

制订一个计划表，可以让你清楚地知道自己什么时候该干什么。制订计划表其实很容易，只要我们花上10分钟就够了，你所要做的只是做一个模板出来，以后一直用就行了。

• 前一天晚上将你第二天要做的所有事情列一张清单，并将它们记录在日历上。

• 把你第二天要做的工作分成三种，分别为重要的工作、一般的事情和其他琐碎杂事，然后再分别把它们放入你的计划表中。注意，要给重要的工作留出更多的时间。

• 要想保持效率，让你的计划表更实用，最好在做完一件事转到下一件事之前，留出5~10分钟的缓冲时间。

• 准确地制订一件事开始和结束的时间，比如，9：00—11：00做A事，15：00—16：30做B事。如果要做的事情所需的时间比计划表上的时间多，那么就将不是很重要的事情放到另外一天时间充裕时再做。

• 制订好计划后，第二天就要严格遵守。努力坚持按计划行动，久而久之，就会形成习惯，让你更有效率地做事和工作。

8. 耐心是一种心态，也是一种习惯

面对棘手之事，有的人心浮气躁，无知冒进；有的人临危不乱，理智地应对危局。显然，后者更容易获得成功，因为他们这种沉着冷静与理智反应正是对任何事都有耐心的表现，而耐心又是实现目标、获得成功的一种必不可缺的心态与习惯。

成功者往往具有一些相同的特点，就是肯付出、肯努力、肯耐心地等待时机。一旦时机到来，便能抓住时机，付诸行动，直至成功。杰出的投机者索罗斯就将自己成功的秘诀归于“惊人的耐心”，归于“耐心地等待时机，耐心地等待外部环境的改变”。

成功是需要耐心的。没有耐心，就会变得浮躁，这是一种非常不健康的心态。一旦这种心态占据你的思想，你就很难再将它赶走。浮躁的心态往往决定了你做事的态度，而做事的态度又决定了你的成败。没有耐心，成功就变得愈加困难。究其原因，就在于如果过于急功近利，丢失了耐心，会导致意志力丧失，失去自控能力，人就变得浮躁起来，于是更加没有耐心，这就形成一个

恶性循环。

在成功的道路上，你没有耐心去等待成功的到来，那么就只能用一生的耐心去面对失败了。

有一个年轻人，很希望自己能够事业成功，为此也付出过许多努力，然而屡遭失败。为此，他拜访了一位智者："请问，我为什么不能成功？"

智者笑了笑，说："我这里有两袋芝麻，黑白芝麻混在一起，你今晚把它们分出来，明天我就告诉你答案！"

年轻人回到家后，看着混在一起的两袋芝麻无计可施。要把这两袋芝麻中的黑白芝麻分开，那得要多少天呀！年轻人拣了一会，很快就没了耐心。

第二天，他又找到智者，对智者抱怨说："要分开那两袋芝麻，没有十天半月是不行的。你就别让我分什么芝麻了，直接告诉我答案吧！"

智者听了年轻人的话，又笑了笑，说道："我已经告诉你答案了。成功就好像要把这黑白芝麻分开一样，你光知道努力不行，还要有耐心，坚持下去，才能成功。而你所缺少的就是耐心呀！"

年轻人这才恍然大悟，从此对自己的事业目标执着追求。十年后，他终于获得了成功。

从这个故事中，我们也可体会到"欲速则不达"的真谛。煎熬、磨炼、挫折，这些都是成长必经的过程。那些急于求成的人，别忘了日本名将德川家康的一句名言："人生必须背负重担，一步一步慢慢地走。"

耐心是一种积极的心态，也应该成为一种良好的习惯。如果我们将耐心当成一种习惯，对我们的大脑发育也是十分有益的。因为在培养耐心的同时，同样可以提高我们的决心、果敢和意志力。

那么，究竟如何才能做到有耐心，并让耐心成为我们所具备的一种良好习惯呢？

（1）在生活中有意识地磨炼耐心

在心理学上，耐心属于意志品质的一个方面，即耐力。它与意志品质的其他方面，如主动性、自制力、心理承受力等有一定的关系。

研究发现，耐心是由坚强的意志磨炼出来的，越是在困难的环境中，就越能磨炼一个人的耐心。所以，我们可以有意识地在生活中磨炼自己的耐心，增强对某些事情或困难的耐受能力。

- 不要沉湎于那些会降低你的身体和精神效率的活动，如吸烟、饮酒过量等。这些习惯都会让你的大脑降低正常发挥作用的能力，从而降低你的耐心。
- 进行适当的体育锻炼，增强体质。不管是哪种类型的体育锻炼，只要持之以恒，都能增加你的忍耐力。
- 掌握一种自己一个人能玩、到老年时也能享受其乐趣的运动项目，如高尔夫球、保龄球、打猎、钓鱼等。健康的体魄是你追求成功的第一个物质基础。
- 以最佳的体力和智力状态完成各项工作。这通常是对你的耐力最好的考验，也是让你保持勇气、保持耐力的一种有效方法。
- 在开始做事时，尤其是做一些重要的事情时，首先积极地暗示自己“要有耐心，不要着急”。当你的潜意识不断接受这种暗示后，也会释放出你所需要的能量，帮助你提升耐心。

（2）日常小窍门，提升你的耐受力

要想培养做事有耐心的好习惯，我们可以在平时掌握一些提升耐力的小窍门，即多做一些需要耐心的事情，哪怕是一些小事，都能在一定程度上锻炼我们的忍耐力。而且只要有信心，我们所有的思想、行动及意念也都会朝着成功的方向前进。

- 缺乏耐心往往是因为我们从未做到过满足自己的需求，所以每天早晨抽出10分钟时间，认真思考一下，确定哪些是我们最优先的需求。
- 在实现自己需求的努力中，让自己保持充沛的精力。
- 在自己的口袋里放一块小卵石，当你失去耐心时，就把那块小石头从一个口袋放到另一个口袋里，转移自己的注意力。

• 研究发现，低血糖会让人失去耐心，所以增加睡眠、减少咖啡因的摄入是耐心的天然增效剂。

• 多与一些有耐心的人共事和交流，你会潜移默化地感染到他们的耐心，并在交流中学到更多的增加耐心的诀窍，甚至会在你周围产生连锁反应，形成推崇耐心的风气。

意志力修炼小结

• 所有的坏习惯都可以通过自觉地运用意志力而改变。

• 敢于直面你的坏习惯，然后用坚强的意志破除这些坏习惯，你就能在很短的时间内形成一个好习惯。

• 具有独立的个性和思维也是意志力的一种表现。保持独立的思维能力和判断能力，是一个成功者必备的素质。

• 自动自发是意志行动重要的一步。

• 要养成好习惯，要获得成功，就要用脚踏实地的积极行动来代替空想。

第九堂课

打造超强气场，强化你的意志能量

气场，是指一个人的气质对其周围人所产生的影响。我们所需要的气场，是一种通过自身正面积极、强大向上的综合魅力，带给周围人或事的一种有益的吸引力和影响力。一个拥有强大意志力的人，一定是个拥有强大气场的人；同样，拥有超强的气场，也可以强化我们的意志力，提升我们的正能量，增强我们对人生的掌控能力。

1. 气场强大的人，往往也具有超强的意志力

一听到“气场”这个词，很多人极可能会产生一种莫名其妙、玄而又玄的感觉，因为我们看不见也摸不到它，而且很多人都利用它将我们引向形而上学的研究。

其实，气场是现代心理学与交际学的一个研究对象。从心理学上来说，气场就是感觉，即一方与另一方接触时，前者留给对方的一种感觉；从社交学来说，气场就是影响力，即影响与他人相处的一种能力。

在日本，气场这个词总是与定力、实力这样的硬性概念联系起来。虽然两者有相似之处，但在本质上还是有区别的。定力和实力，代表着一个人展示出来的优秀的地方；但气场的内涵更为广大，是一个人的综合魅力，是我们生活中实现自我价值的基础，甚至是我们的意志力和生命力之所在。

大家可能都读过《假如给我三天光明》这本书。该书的作者海伦·凯勒就是个气场很强大的人。她于1880年出生于亚拉巴马州北部的一个小城镇。在1岁半的时候，一场重病夺去了她的视力和听力，接着，她又丧失了语言表达能力。

但是，她竟然学会了读书和说话，并以优异的成绩毕业于美国拉德克里夫学院，成为一个学识渊博，掌握了拉丁、希腊、英、法、德五种文字的著名作家和教育家。她还走遍世界各地，为盲人学校募集

资金，将自己的一生都献给了盲人福利与教育事业，赢得了世界各国人民的赞扬。

从海伦7岁开始受教育，到考入拉德克里夫学院用了14年。在大学学习时，许多教材都没有盲文课本，要靠别人将书的内容拼写在她手上，因此她花费在预习功课上的时间要比其他学生多得多。

1968年6月1日，88岁高龄的海伦走完了她令人钦佩的人生。有人如此评价她：海伦·凯勒是人类的骄傲，是我们学习的榜样，相信众多有疾病的聋、哑、盲人都能在她的身上看到希望。

一个看不见任何东西，说不出一句话，听不见一丝声响的残疾人，为什么能走出黑暗，做出让正常人都惊叹的成绩？除了靠她顽强的毅力和老师的谆谆教诲外，起关键作用的就是她的气场。海伦·凯勒正是凭借自己坚强的意志力，丰富了自己的知识，形成了自己独特的气场，最终取得了辉煌的成就。同时，海伦·凯勒的成功也印证了一个这样的事实：气场强大的人，往往也会努力提升自己的意志力，并能够凭借这种意志力达成自己的目标。

很多人都希望能够改变自己的现状，甚至改变自己的命运，并且也一直在寻找真正能改变现状、改变命运的方法。但无论你想得到什么或改变什么，都要依靠自身的力量。你自身的力量越强大，你所能改变现状的概率也越大。如果你能充分并完善地运用这种力量，那么你也将成为一个主宰自己命运的主人。这种力量就是你的气场力量。

气场既是一个人能力的体现，也可以影响和感染他人，让他人与你一样，具有热情、积极乐观的态度。因此，当你气场强大时，不仅能提升人际关系，控制好自己的职业生涯，还能协助你战胜各种困难。如果你要获得同事的支持、员工的忠诚，带领团队迈向美好的未来，实现人生的梦想，那么就必须让自己拥有强大的气场。

（1）用潜意识激发气场能量

潜意识具有巨大的力量，能让我们把不可能的事情变成可能、变成现实。顾名思义，潜意识就是潜在意识的世界里，是超越三度空间的超高度空间世界。一个善于发掘自己潜意识的人，拥有一些别人无法拥有的力量，同时也能体验到拥有气场的奇妙感觉。

可以说，潜意识聚集了人类数百万年来积累的大量知识，充分开发后，将产生不可估量的作用。所以，正确地训练开发和利用我们的潜意识，也是激发我们的气场能量的一种必不可少的方法。但潜意识是是非不分的，有道是“成也潜意识，败也潜意识”。要打造强大的气场，就要对可能消极的、负面的潜意识加以严格控制。

• 给自己灌输积极自我的感受和想法，时刻告诉自己：“在我的生活中，我是最重要的人。”这种感受和想法也是你斩获成功的条件。

• 不断地想象你成功的样子，并告诉自己“我会成功，我一定会成功！”，以增强你的气场力量。

• 承认自己作为一个人的真正价值，发展积极的自尊。这也是准备好放手一搏所呈现出来的绝对信心，它所散发出来的气场也会震慑住每一位与你交手的对手。

• 肯定我们所需要的，而不是不需要的。不要说“我再也不偷懒了”，而是要说“我越来越勤奋，越来越能干了！”，这样可以保证我们总是创造出最积极的气场。

• 在肯定自我时，尽可能地努力创造出一种相信自己的感觉、一种成功已经真实存在的感觉，这将让你的肯定变得更加有效。

（2）自己界定什么才是“胜利者”

成功与失败如何界定？如果以奥斯卡影帝影后作为演员成功的标准，恐怕许多国家都没有一个成功的演员了。

其实，成功与失败的标准都是主观的，如果你的成功与否从来都是由别人来界定的，那么你的命运岂不是掌握在别人手上了吗？只有自我界定成功的人，才不会因为别人暂时比自己强大而将自己看成失败者。这样的人，也能拥有强大的意志力，同时自己也时刻都保持着超强的气场。

• 在任何竞争中，都不要把人分成胜利者和失败者。彻底的获胜态度，是永远都将自己看成是胜利者，永远给自己创造成长的机会。

• 像个胜利者那样来思考，不贬低自己，不自卑，不拿自己与别人比较，重视自己的独特性。

• 即使处于最糟糕的环境中，也要运用意志力控制自己的情感，努力让自己摆脱压抑、愤怒、内疚、焦虑、失望等不良情绪。

• 有效地控制自己的消极情感，让自己全身心地投入到新的工作当中。若能做到将意念始终集中在一件事上，你也一定是率先冲过终点线的人。

（3）意志力能让你“笑到最后”

意志力创造了人，但意志又在控制人，在很大程度上决定着你的气场大小、强弱、正负。同时，意志还是你获得成功的唯一源泉。拥有强大的意志力，我们往往能成为不平凡的、可以控制内在气场、提升信念并最终实现自我的人。

• 气场与我们的意志力息息相关。提高意志力，不仅能增强我们的气场，还能获得人生的财富，拥有生活的各种幸福。

• 学会正确认识自己，知道自己的长处和短处。只有知道自己遭到失败、挫折的原因在哪里，才能有的放矢地在遭遇任何失败后，都能重新起步，也才能不断修炼意志力，提升自己的气场。

• 对自己充满期待，期待自己有更加光辉灿烂的未来，认为自己是具有超凡潜质的卓越人物，给予自己最大的自信心。

• 做任何事都要坚持不懈，懂得勤能补拙的道理，培养持之以恒的毅力。

2. 冲破“负气场”，让自己的内心更强大

你想什么，你相信什么，你就拥有什么样的气场，这就是吸引力法则。

你的思想吸引你想要的东西，你的思想是积极向上的，你的气场也会是积极向上的，你的意志力也会随之增强；你的思想是消极负面的，你的气场也会变得消极负面，同时吸引那些消极负面的人和事，让你变得拖沓、懦弱。那些胆小怯懦，意志力不坚定的人，往往难以拥有强大的气场，不能很好地完成任务，与人交流。并不是因为他们自恃清高，相反，往往因为他们认为自己是没有能力的、不受欢迎的，才不能做好事情，别人也不愿与之交往。如果他们形成了这样消极的自我概念，那他们在行动上也会有意无意地表现出消极、负面的情绪。而事实上，越是退缩，就越是没有强大的、能够吸引外界的气场，“负气场”就会越强烈。所以，要增强你的意志力，就必须拥有积极正面的思想，努力冲破那些“负气场”的束缚。

下面这个例子似乎更能说明问题。

> 1906年的一个上午，美国密苏里州华伦斯堡州立师范学院里，一位连续参加了12次学院演讲比赛失利的小伙子准备参加第13次的比赛。赛前，他向一位教授请教。教授送给他一句话：“猫在捉老鼠的时候，它的全部精神都集中在老鼠身上，它可没有多余的精力去注意自己。”
>
> 小伙子沉思片刻，终于明白了一个道理。他再一次走上演讲台，全神贯注地投入到自己的演讲中。当台下传来雷鸣般的掌声时，他才意识到自己的演讲结束了。他以“童年的记忆”为题的演讲，赢得了此次比赛的最高奖。
>
> 从这以后，小伙子深刻地领会了老教授所说的话，才华发挥得越来越出色，并终于获得了举世瞩目的成就。他就是美国卓越的企业家、教育家、演说家——戴尔·卡耐基。

思想积极的人是有气场的，所以一个拥有积极心态的人往往也更容易成

功。人与人之间的差异其实并不大，但有的人能够造就伟业，有的人却一事无成。拥有积极的心态，拥有正能量的气场，拥有强大的意志力，往往就成了造成这种情形的关键因素。通过对那些成功人士的研究可以发现：成功的人，他们对人对事的心态除了积极就是乐观；而那些平庸的人恰恰相反。

要知道，美好的生活不会从天而降，而是需要我们通过自身的努力才能取得。重要的是，我们要学会挖掘自己内心的力量，壮大自己的气场，以积极的心态和顽强的毅力面对生活，这样才能让自己的内心越来越强大。

（1）集中气场的能量源

在生活中我们不难发现，那些气场强大的人总是能自信满满地站在别人面前，说话时底气十足。他们不仅能带动别人的情绪，还能让对方不自觉地将注意力放在自己身上，获得对方的好感。之所以如此，是因为他们善于集中气场的能量源，让自己身上充满了正向的力量。

那么，如何才能集中气场的能量源呢？

• 与人交谈时，让自己的声音充满活力，且诚挚自然。

• 走路的时候要昂首挺胸，与人握手时做到恰到好处，并能运用一些积极的手势来展现自己的自信。

• 坚定地相信自己，接受挑战时不怀疑、不害怕，也不对自己说“我不行”。

• 勇于承担责任，绝不随便找借口推卸责任。

• 每天至少肯定自己一次，将一些积极的思想输入自己的大脑之中，强化自己的正能量。

（2）6个小绝招，让你的“负气场”无处可逃

要摆脱负面气场，就要努力强化自己的正面能量，并最终让这些正面的能量打败负面气场，从而赢得更加强大的正能量气场，让自己的内心变得愈发强大、坚定。

以下6个小妙招，或许能在一定程度上帮到你。

• 确保自己是个具有上进心的人，有明确的奋斗目标。切记：不要让目标模棱两可，而是越具体越好。然后用目标激励自己前行。

• 善于进行整体规划，能根据事情的轻重缓急列出清单，将看似无序的一堆问题分解成若干具体的小问题来完成，激发自己的成就感。

• 感到困惑或遇到棘手的问题时，要及时向身边的亲人、朋友寻求帮助。仅仅是倾诉本身，也能让你的坏情绪得到释放，甚至还能得到好的建议。

• 努力让自己保持乐观的心情，即使遇到难题，也要多用积极的语言鼓励自己。

• 拥有自己的娱乐方式，在释放压力的同时，还能领略生活的美好，激发对生活和工作的热情。

• 当感觉不愉快时，学会运用深呼吸来调节自己的情绪。挺直后背，双肩放松，由鼻腔将空气深深吸入肺部，集中精力感受空气渗透到自己身体的每个细胞，然后再缓慢将空气全部呼出，想象体内的压力也随着气流一起排出体外，让身心得到最大程度的放松。

3. 克服羞怯，让你时刻拥有超强气场

羞怯和社交紧张是一种普遍存在的心理状态，这种心态也会弱化我们的气场，让我们难以充分享受丰富的生活。

二十多年前，美国斯坦福大学的著名心理学家在他的学生中曾进行过一次调查，结果发现：学生中有三分之一的人都承认自己生性羞怯。现在，情况恐怕仍然不容乐观，羞怯者的数量甚至还在增加。

如果你是个很羞怯的人，你最根本的羞怯往往来自你的无力感，你不能

很好地控制自己的潜意识滑向消极的一面：我不如别人，如果我在公共场合展现自己的话，人们会嘲笑我。当你要展现自己时，你的这种潜意识就会让你的举止显得羞怯，让人们难以与你沟通。而当人们试着与你沟通时，你的显意识又会让你错误地把他们友好的举动解释为不友好的。这就会让你更加确信自己是个不受欢迎的人，于是更加退缩。

既然羞怯是你自己酝酿出来的，那么你同样也能学会控制自己的紧张情绪，克服羞怯，展现自我，找到自信的源泉，增强自己的气场。

记得曾在报纸上看到这样一个例子。一个名叫陈阿土的台湾农民从未出过远门。为了增长见识，他就报名参加了一个国际旅行团，这让从没出过国门的陈阿土既胆怯又好奇。

导游为大家安排好饭店，每个人都有一个独立的房间。饭店的服务很不错，可以免费供应早餐，并有专人送上门。

这天早晨，服务生来敲门来给陈阿土送早餐时，大声说道：“Good morning sir！”

陈阿土一下子愣了。他不懂英语，完全不知道这是什么意思。但他又不想让对方觉得自己不懂，于是他想，在自己的家乡，一般陌生人见面都会问“您贵姓？”，也许服务生也是在问这个问题，因此他就克服了自己的羞涩，大声喊道：“我叫陈阿土！”

这样连着三天，服务生来敲门时，每天都大声说：“Good morning sir！”而陈阿土也大声回答：“我叫陈阿土！”

但陈阿土还是感到很奇怪，为什么服务生天天都问自己叫什么呢！他忍不住去问导游，“Good morning sir！”到底是什么意思。导游告诉他，这是“早上好”的意思，还告诉他，如果再有人这么问候他，他也应该回应一句“早上好”。

陈阿土这才知道自己闹了笑话。第二天早晨，服务生又来敲门了，门一开陈阿土就大声叫道：“Good morning sir！”在此之后，服务生的回答却是："我叫陈阿土！"

大家是不是觉得有点好笑？但为什么会出现这样的情景呢？很简单，在双方对彼此都不熟悉的情况下，谁更能征服对方？就是气场强的那个人。因为阿土一直在克服自己的羞怯，气场很足地喊："我叫陈阿土！"所以服务生也被他的气场征服了，认为"我叫陈阿土"就是对应"Good morning sir！"的回答。

可见，克服羞怯，让自己看起来自信、强大，你的气场也会随之提升。运用下面的方法进行练习，可以有效地帮你战胜羞怯，冲破羞怯的藩篱。

（1）训练自己善于放松

羞怯往往与情绪紧张联系在一起，所以要战胜羞怯，首先就要训练自己学会放松情绪。尤其在与人交往时，更要努力让自己的情绪放松下来。而要学会放松，就需要我们自己平时多加训练。

• 双脚平稳站立，然后轻轻将脚跟提起，坚持几秒钟后放下。每次反复做30下，每天进行两三次，可以消除心神不定的感觉。

• 害羞会让人呼吸急促，因此要运用意志力，强迫自己做几次深长而又有节奏的呼吸，这能让你的紧张心情得到缓解，让你看起来更自信。

• 训练"SOFTEN"——柔和的身体语言。所谓"SOFTEN"，S代表微笑；O代表开放的姿势，即腿和手臂都要抱紧；F代表身体稍向前倾；T代表身体友好地与人接触，如握手等；E表示眼睛与对方正面交流；N表示点头，表明你正在倾听并理解对方。

• 在谈话时，当你感觉自己脸红时，不要试图用某种动作掩饰它，这样反而会让你更紧张，进一步增加你的羞怯。

• 凡事多向好的方面想，多看积极、乐观的一面，要多给自己壮胆，要有一种舍我其谁的状态和勇气。

（2）日常生活中注意提高自信心

克服羞怯不是一天两天就能做到的，需要我们在日常生活中通过一些恰当的方法，来逐渐提高自信心，战胜自己。

• 每天早晨起床后，对着镜子给自己一个大大的微笑，告诉自己：“我很棒！”

• 每天阅读一篇励志的文章，从中汲取面对困难的勇气，同时坚信：积极、自信的态度对一个人的命运会产生极大的影响。

• 每天做一件让他人感到很舒服的事，或试着说些让他人感到高兴的话，慢慢你会发现，带给别人愉悦的同时，你变得完全能轻松地与别人友好相处了。

• 别给自己增加思想负担，认为别人不接受你、不喜欢你，或许别人并没有这种想法，你完全是庸人自扰。放开自己，坦然面对别人，那么也会有更多的人喜欢你。

• 允许自己犯错，不要认为犯错是因为自己愚蠢、没用，任何人都会犯错，关键在于犯错后要及时补救，并从中吸取教训和经验。

• 用成功日记记录自己每天心态方面的表现和进步，这种正面的激励也会让自己更加自信，表现更加出色。

4. 遏制怒气，让气场更和谐

生活当中，我们总会遇到各种各样不如意的事，不论是爱情、亲情，还是工作，总有许许多多、大大小小的事情让我们生气、发怒。要知道，生气发怒就是在拿别人的错误惩罚自己，因为愤怒的情绪不但会影响我们的健康，还会弱化我们的精神，让我们自身的气场处于消极状态之中。而消极的气场又会令我们的人生逐渐走向低谷。

一些能够遏制自己怒气的人，不仅能很好地体现出自己的修养，还能让自己的气场因此而变得更加强大。

在美国南北战争中，盖茨堡战役爆发后的第三天，全国各地洪水泛滥。南方总司令李将军带着部队向南撤退，到达波特迈边界时，发现前方的桥梁被洪水淹没，后面还有乘胜追击的北方军队，这让李将军非常绝望。

林肯得到这一消息后，非常高兴。他认为这正是消灭南方军的大好时机，因此下令让梅德将军马上率军进攻李将军的军队。可梅德将军接到林肯的命令后，却拖延着不去进攻，结果河水退却后，李将军乘机逃回了波特迈。

林肯获悉后，非常愤怒。在悲愤之余，他给梅德将军写了一封措辞严厉的信：

“我敬爱的将军：我想李将军的逃脱带来的不幸，对你而言是不重要的。如果你当时按照我的命令包围他们，李将军和他的部队早已成了瓮中之鳖，再加上我们前阵子所打的胜仗，我想这场战争就可以结束了。然而从现在的形势来看，战争还会继续。对那一天的情况，只要你用三分之一的力量，就能轻易拿下他们。而你却不能如期完成。那么当你在靠近南方且更加恶劣的状况下，你又怎么能完成我交给你的任务呢？你还指望我相信胜算如往昔一样吗？你的大好机会已经失去，而对此我感到十分痛心和遗憾！”

可是林肯压根儿也没把信寄出去。

林肯是美国历史上一位被人们当成圣人崇拜的领袖，在美国历史上不可胜数的伟人中，林肯的形象和气场都是高踞于他人之上的。这一切，都源于他高尚的品德和自身的修养，这种气场锻造出来的感染力也是无与伦比的，所以他才能成为全美国人的骄傲。从对待梅德将军这件事上，我们就必须承认，林肯有着顽强的意志力，至少作为总统的他在下属违背命令时，能够遏制住自己的一腔怒气，将那封措辞严厉的信永远留给了自己。

有些人或许表面咄咄逼人，气势很强，看起来很“威风”，可实际上真正内在的气场却没了。那些有影响力、令人佩服和敬仰的人，很少会因为一些事而生气发怒，他们会用简练的语言说出自己的观点，始终如一地坚持自己的信念，即使对方恶言出口，也能用顽强的意志力控制自己的情绪和心态，显示出自己的深厚修养和坦荡胸襟。

善于控制自己的情绪，遏制自己的怒气，既是一种意志力坚强的表现，也是一种拥有超强气场的魅力表现。要成为这样的人，不妨通过下面几种方法多努力、多修炼。

（1）敢于承认愤怒，并平静地化解愤怒

愤怒是一种不良和有害的情绪，会破坏我们的气场，削弱我们的意志力。一个人如果经常发火，不仅会令自己的情绪低沉，还可能破坏与他人的情感关系，阻碍彼此之间正常的情感交流。所以，我们要善于控制愤怒。而要控制愤怒，首先就要承认这种愤怒的存在，然后再对症下药，找出相应的办法化解愤怒。

• 当对某件事忍无可忍时，不妨承认自己的愤怒，敢于把自己的情感公开地表达出来。可以试着这样说："我感到愤怒是因为……"

• 把自己在何种处境下产生愤怒记录在日记或博客中，并记下时间、地点及刺激物等，确认可能导致你愤怒爆发的原因。也可以通过博客倾诉自己的心声，敞开自己的心扉，让一些消极的想法随着文字而烟消云散。

• 建立一套自己能在感觉愤怒时运用的有效方法，比如喝一杯水、在说话前做几次深呼吸、到外面走一走等，让情绪逐渐平静下来。

• 不要马上去想那些让事情变得更糟糕的因素，而应提醒自己：换一种考虑问题的方式，你就能负起控制愤怒的责任了。

• 适当转移注意力，比如欣赏一首欢快轻松的曲子，看场电影，散散步，与他人交流谈心，参与感兴趣的运动，等等，都能把你的情绪带到另一种状态中。

（2）每日"入静"5分钟

人的心情，用白岩松的话说就是"幸福和悲伤占5%，剩下的就是平淡"。

但能保持一颗平常心，着实不容易。人生在世，不如意者十之八九，而且这种不如意往往不以个人意志为转移，不因你的喜怒哀乐而发生变化。所以，因面对这些“不如意”而想要发怒时，不妨通过下面的方法试着接受和适应。

• 在一个清静的地方独处，然后选择一个自己觉得最舒适的方式，将身体展开，完全放松。

• 尽量让自己平心静气，闭目安神，保持自然呼吸。

• 将5分钟化整为零，1秒钟1秒钟地静静体会，感受自己逐渐进入一种“滞空”的状态，仿佛天地间只有你自己。

• 感受自己的每一次呼吸，感受自己身体的每一个反应。

• 5分钟后，恢复到正常状态，再继续做你想做或应该做的事情，并尽可能全身心地投入。

5. 多给自己积极的心理暗示，气场才会更强大

暗示是一种非常奇妙的心理现象，可分为他暗示与自我暗示两种。他暗示从某种意义上可以称之为预言，虽然对我们的生活能起到一定作用，但却不及自我暗示的力量大。

所谓自我暗示，也就是自己给自己的暗示，它是我们的思想意识与外部行动两者之间沟通的媒介。自我暗示又可分为积极的自我暗示和消极的自我暗示。积极的自我暗示是一种内在的火种，可以让我们的气场充满无限的力量，强化我们的意志能量。有研究发现，积极的自我暗示能调动人体内巨大的潜能，让人变得自信、乐观、充满力量与激情。当你习惯于想象快乐、想象自己充满力量时，你的神经系统也会习惯性地让你拥有一个快乐、充满力

量和激情的心态。

有一天，一个独行者在大沙漠中突遭大风暴，迷失了方向，并丢失了随身携带的食物和水。在又渴又饿的情况下，他翻遍全身，仅找出一个青苹果。然而，这一发现不仅没让他感到绝望，反而使他兴奋地喊起来："啊，我还有一只苹果！"他紧紧地握着这只苹果，艰难地寻找着出路。饥饿、干渴、疲惫一起向他袭来，他一次次摔倒，但只要一看到手里的苹果，他就会充满希望地对自己说："我还有一只苹果。"然后努力地抿一抿干裂出血的嘴唇，一次次又挣扎着爬起来，一点一点地往前挪动着。就这样，他不停地在心中默念："我还有一只苹果，我还有……"三天之后，他终于走出了大漠。

实际上，那只他半口都未咬的苹果已经干瘪得不成样子了，但他仍像握着一个宝贝一样，把苹果紧紧地握在手心里。正是凭借着"我还有一只苹果"这样一种积极的心理暗示和强烈的求生信念，这个独行者最终走出了死亡的深渊。

将每件积极的事都看成与自己相关的，自觉地感受积极事件的影响，那么这些事就会对自己的气场和意志力产生正面作用。比如，当朋友取得成功时，你应该想："啊，这真让我高兴！我不但要祝贺他，还要向他学习经验。"其实这同样也是你的成功，因为对方的故事给你提供了难得的参考。成功者从不介意向别人学习更多，只有愚蠢和自卑的气场才会排斥和嫉妒同伴的成就，这样的人也难以拥有强大的气场。

可以说，每个人一生中都会受到暗示的巨大影响。良好积极的心理暗示能把人带上"天堂"，消极的暗示则会把人带入"地狱"。因此，要增强你的气场，磨炼意志力，我们就要多给自己良好的、积极的心理暗示。

（1）多用积极的心理暗示增强气场

一个气场强大的人，不一定各方面都出类拔萃，但有着一个共性，就是他们都善于进行积极的心理暗示。通过这种积极的自我心理暗示，你能获得一种自信，这种力量将引导你战胜自我，战胜心理上的障碍，从而改变你的命运，强化你的意志力，引导你走向成功。

• 每天都能用充满希望的语调谈每一件事，比如你的工作、你的健康、你的生活、你的目标，等等，对每件事都采取乐观的态度。

• 乐于接受各种创意，努力丢弃“我不行”“我办不到”“那是很愚蠢的做法”等陈旧思想。

• 即使遇到困难，也不要说“那我也没办法”，而要说“只要努力一下，我就能战胜你自己”。

• 当别人指出你的缺点时，不要说“我一直都这样”，“我是改不了的”，而要说“我一定会做出改变”。

• 如果有些事确实不行，也要避免直接对自己说“我不行”，而是换成另一种方式，比如：“我可以完成这件事，但现在准备得还不够充分，再等几天就好了。”“如果我有好的机会，得到上司和同事的支持，我一定能把它完成，所以我要争取最好的条件！”

• 从现在开始，每天花上几分钟时间，全身放松，对自己进行积极的心理暗示。久而久之，你就能拥有积极乐观的心态。

（2）唤醒潜能，获取无穷的正能量

人体内的潜能是挖掘不尽的，就像永远也挖不尽的宝藏，你可以从这座宝藏中取得所需要的任何东西。如果你能唤醒这种潜在的巨大能量，奇迹往往也会随之出现。下面几种改造自我潜意识的方法十分有效，若能经常利用，你将会获得巨大的信心，从而增强你的气场和意志力。

• 强力刺激法。比如在遇到挫折时，大喊一声，便能强烈地刺激自我意识，激发自我潜能，让自己的浑身都充满力量。

• 直接输入法。比如每天早晨起床、晚上睡觉时，把自己的目标写10遍，让目标逐渐输入到你的潜意识当中，让你的潜意识接受这种暗示，并为实现目标而迸发出潜能力。

• 心理暗示法。每天让自己有一个好的、积极的想法，并坚持不懈地关注这个想法，那么你的行动也会不知不觉地向着这个方向去发展。

• 自我肯定法。积极的自我肯定，其实就是一种类似于“自信宣言”的表述，如“我能够、我将要、我可以、我会更好、我期待着……”。每天进行这种建设性的自我肯定，将会让你最大限度地发挥自己的优势，增强信心，充满活力。

6. 创造出自己的“不可替代性”

每个人都有自己独特的气场，每种气场也都有其擅长的职业和才华。所以，我们应该了解自己的气场，并按照这一气场去寻找适合自己的人生之路。

古希腊的“戴尔波伊神托所”门口矗立着一块古老的石碑，上面写着一句十分醒目、发人深省的大字：“认识你自己！”这句名言被著名思想家卢梭称赞为“比伦理学家们的一切巨著更为重要、更为深奥的至理名言”。这也说明，只有认识自己的气场，并根据自己的气场创造出自己的“不可替代性”，你才能更加准确地发挥自己的才能，找到成功的最佳途径。

知名发型设计师刘珈纭，并没有太高的学历，职高毕业后，因为喜爱和某些天赋，她就朝着“发型设计师”这个目标前进。

她先从发型助理开始做起。每到冬天，她的双手就开始干裂、流血，但她仍然咬牙坚持，天天为顾客洗头，不愿轻易放弃自己的追求。她还常常一个人琢磨那些最流行的发型趋势，产生了成为顶尖发型设计师的志向。

那时，她每天都要工作到深夜，时刻跟在发型设计师旁观观摩，学习理发及与客人沟通的技巧；下班后，她还要练习烫染与剪发技巧，常常忙到天亮，然后直接去公司上班。

经过3年的努力，刘珈纭终于顺利地晋升为发型设计师。

对于一名发型设计师来说，最重要的就是要有源源不断的客户。第一年，刘珈纭过得很辛苦，没有固定客源，收入很少，但她时刻把握每一个细小的机会，期待能得到客户的认可。

努力终究不会白费。渐渐地，刘珈纭的造型水平在同业中传开了，设计师之路也越走越宽，就连舒淇在电影《最好的时光》中的定妆造型，都交给她来负责；还有艺人小S，因为怀孕不方便公开露面，也指明让刘珈纭上门为她剪发。

替代性不仅存在于物品与物品之间，也存在于人与人之间。我们知道，无论是一个社会，还是一个行业，其本身的资源都是稀缺的。一个成员在组织中能占多重的份额，往往取决于他在组织里的重要性，即其替代性的大小。在一个组织当中，如果一个人很容易被替代，那么他本身的价值也是不高的。换句话说，如果你想要比别人更优秀，要获得比别人更多的成功，就必须比别人更具有不可替代性，创造更强的气场。

在如今这个竞争激烈的社会中，要创造出自己的不可替代性，并不是一件容易的事。这就需要我们平时不断强化自己的意志力，建立良好的思维习惯，使我们在面对困难时能更加从容，更具有应对能力，从而具备更强的气场。

（1）把最简单的事情做到最好

也许在你的观念中认为“天生我材必有大用”，觉得自己就是干大事的材料，做些琐碎的事情简直就是浪费了自己的才华，有“大材小用”之感。也有人会说，成大事者不拘小节，完全不用在意现实中那些简单的小事，只要关注好自己的大事就行了。

真的是这样吗？那为什么会有“千里之堤毁于蚁穴”之说？

事实上，我们总会透过现象看到本质。小事情虽然看着不起眼，却足以影响全局，更会影响你在别人眼中的形象。任何职业、任何岗位都一样，都要从最基本的小事情开始积累。通过对小事情的操作，可以显示出你的气场，以及你个人对事情的关注、对工作的态度，才可能让你最终拥有不可替代性，走向成功。所以，在职场中，我们应努力避免下面一些在小事情上的错误做法，管住自己，不要让自己在这些看似平常的小事情上不知不觉丢掉了气场。

- 工作时不要喋喋不休，抱怨不停，更不要在老板不在时偷懒。
- 即使工作很辛苦、很枯燥，也不要每天都是一副苦瓜脸，要试着从工作中找寻乐趣，并努力让自己多付出一些热情。
- 不要推脱一些你认为不重要的工作，要知道，你所有的努力都是不会被永远忽略的。
- 不要随便提交一份连你自己都不愿看的、言之无物的报告。要告诉自己，你不只有填写报告的义务，还有提出改善意见的责任。
- 不要只是一味地按照别人的嘱咐做事，觉得自己没有责任，即使出错也跟你没关系。这只会让你目光短浅，永远得不到提升。

（2）根据自己的不同气场来规划人生

每个人都有自己完美的人生规划，都想成为一个能创造价值的人。但是，要把这些美好的愿望变成现实，我们必须做好一件事，那就是：认识自己的气场，并根据自己的气场来规划自己的人生。很多人都向往自己不熟悉但相关的领域，容易羡慕别人。羡慕或许是正常的，但如果你因为羡慕别人而不根据自己的气场去追求目标，就是愚蠢的。因为那些我们羡慕的事情，可能并不符合我们的气场。只有善于发现、经营自己的气场，才能找到自己的合适坐标，也才有可能创造出自己的不可替代性，为自己的人生增值。富兰克林曾说过，“宝贝放错了地方就成了废物。”说的就是这个道理。

- 每种气场都有自己的频率，每个人也都有属于自己的气场频率。当你与某个人相互吸引时，你们的气场频率便是相近的。

• 气场是可以互相影响的，你与别人接触交往越久，你们的气场也越合得来。所以，想成为什么样的人，你就要与什么样的人交朋友。久而久之，你的气场自然而然就会流露出来。

• 如果你面对的气场非常强大，你的气场也会被带动起来，与之协调共鸣，你的潜力也会通过这种方式逐渐被挖掘出来。

• 气场具有可塑性，如果你是个容易冲动的人，希望把自己塑造成一个平和稳重的人，就要尽量克制内心的冲动浮躁。这既能塑造你的气场，还能在很大程度上磨炼你的意志力。

• 了解并努力塑造自己的气场后，你才能更好地规划自己的人生目标，并凭借自己的超强气场和巨大意志力，出色地完成人生规划。

7. 不断提升自己的能力与实力

有句老话说得好，“活到老，学到老”。在现今这个日新月异的时代，如果不能通过自身的努力提高自己的能力和实力，无法得到他人的认可，就会渐渐被社会淘汰。只有不断学习，才能最大限度地挖掘自身的潜力，实现自己的人生目标。

而且，人的能力和实力与气场也是密切相关的。知识丰富、能力超群的人，他的气场也会具有足够强大的吸引力和影响力，从而对周围的人和事产生影响，为自己的成功创造更多的机遇。

有一个从外国语大学毕业的年轻人，外表英俊，说话流利，善于沟通，而且英语水平很高，是个难得的翻译人才。毕业后，他就进入一家外企做翻译，积攒了6年的工作经验。他熟悉项目管理，在企业中的工作得心应手，并且待遇优厚。

但是，为了追求更大的职业发展，实现更高的自身价值，他还是想通过学习开发出自身的管理能力，希望将来有机会成为一名优秀的企业管理者。为此，他充分地分析了自己的实力：他的主要能力是英语能力，且自学能力强，有上进心，具有良好的品质和做事认真的态度；担任翻译的过程中，他经常接触那些管理人员，对管理有一定的了解和认识，平时自己也很注重管理知识的学习，有一定的基础。

于是，他就给自己制订了一个新的发展规划：先成为项目助理，然后再担任项目经理，由易到难，一步步慢慢学习和发展。没想到当他当上项目助理后，却因被上司嫉妒而遭到炒鱿鱼。不过，再次找工作对他来说相当容易，凭借他的工作经验，他不仅可以成功应聘英语翻译，还可以应聘管理人员，很多个机会都摆在他的面前，他就像在菜市场上挑选蔬菜一样挑选自己的工作。

你什么时候能像去菜市场挑选蔬菜一样地挑选自己的工作呢？为什么你要找到一份工作那么难？为什么你总是被工作挑来挑去，始终找不到自己的坐标点？关键就在于你自身的能力和实力限制了你。

一个人的能力和实力水平，既然决定了他的气场，也就决定了他所能达到的事业高度。美国的很多创业者，在初入商海时，总会参加许多培训班，同时也参加一些研习会。这种研习会多半是一年聚会一次，其中的每个成员分摊所有交通和住宿费用。每次的出席率，除了受天灾人祸这样的不可抗因素影响外，一般都能达到100%。他们还有一个共同的默契，就是会上所讨论的每件事都要保密，所有资讯都只能跟会员分享。他们彼此都变成了非常亲密的朋友，平时会经常联系，有事互相帮忙。在这种氛围影响下，他们中的每位成员也都有属于自己的独特气场和出众个性，所以每个人都会受到尊重，绝不会因为业绩的好坏而受到不公平的待遇。

参加研习会其实就是一种提升自身能力的途径，因为它能激励与会者产生更伟大的梦想，让你知道你可以做远比现在伟大许多的事业，从而激发出自身的潜能。

拿破仑·希尔说：“有的人因过食而亡，有的人因喝多而亡，更有人因无所事事而死去。”人会无所事事，很显然是因为不知进取。真正积极向上的人，生怕自己一生碌碌无为，为了让自己趋于完美，就会不断地以各种知识来充实自己。近十年来，人类的知识大约是以每3年增加一倍的速度向上提升，知识总量也在以爆炸式的速度急剧增长，不断地更新换代。在这种情况下，我们只有不断地学习各种新知识，才能不断提高自己的能力和实力，塑造自己的超强气场，跟上时代发展的步伐。

（1）不断提升自己的学习能力

学习是没有时间的分隔、人员的界定和场所的限制的，这应该变成你终身都要做的事情。没有哪一种能力是万能的，可以适合任何行业、任何职业。你必须清楚自己的实力，并促使自己表现非凡的能力。如果不善于学习，缺乏行业或职业最需的新知识，你就会被那些拥有新知识的人所取代，被社会所淘汰。所以，提升自身的能力和水平，也是你能实现自我、打造强大气场的必经途径。

• 养成读书的习惯，尤其是多阅读与自己职业、技术等相关的书籍，不断吸收新鲜血液。

• 时刻注意留心观察和学习别人的成功经验的同时，也要不断总结那些导致人们失败的教训。

• 多参加一些与自己职业相关的培训、课外学习等。

• 不要回避那些富有挑战性的工作，而是努力去解决和克服，这不仅能挖掘你的潜能量，提升你的能力，还能让别人真正看到你的实力和能力。

• 有竞争的时候，要努力争取，这是个展示自我能力的大好机会。若能脱颖而出，定然会让你“身价大涨”。

（2）主动出击，多结交一些成功人士

多结交成功人士，对我们的心态和能力培养都是非常重要的。但交友不是坐享其成，等朋友找上门，而是应主动出击，尤其是结交成功人士。

• 在没有条件结交的情况下，可通过书本、演讲、培训和电子读物等形式学习他们的成功经验和方式，不厌其烦地品味和咀嚼，从中获得自己的感触和体会。

• 保持强烈的交友心态，把握每一次机会，主动向有经验、有能力的人靠拢，了解他们的能力和实力。

• 通过朋友介绍，或者主动参与一些有顶尖人士的会议和论坛等，来认识那些成功之人。

• 保持谦虚的态度，多学习他们身上那些你所不具备的能力，并虚心向对方请教。

• 结交成功人士也要掌握好礼节，做到不卑不亢，相互尊重，既不阿谀奉承、虚情假意，也不能因为担心对方看不起自己而夸夸其谈，刻意表现，结果惹人反感。

8. 用强气场唤醒你的成功欲望

成功人士与气场强大的人士往往都具有强烈的成功欲望，而持久的欲望也能让他们的精神高度集中，认真且从容不迫地对待每件事，面对任何事情，其大脑也都在高速运动着。

古今中外，大凡是成功人士，之所以能站在成功的巅峰上，是因为他们都拥有强大的气场，而强大的气场不仅赋予了他们激情四射的生活方式，还能激发他们积极进取的工作态度和强烈的成功欲望使他们的精神高度集中，认真且从容不迫地对待每件事。可见，气场不仅影响一个人的工作、生活、事业，甚至影响一个人对生命质量的追求。

气场是一个人成功的关键因素之一。其实成功人士并不见得比其他人聪明，也不一定比普通人更有天赋，但强大的气场却让他们训练有素、技术纯熟、准备充分。此外，还会让他们在一步步的前行中增强信心，在面对逆境时，有勇气继续前行。成功人士不一定比那些失败者更有决心或更努力，但强大的气场却放大了他们的决心和努力。

在英国，有一个名叫克洛尔的推销员。他自幼身体很差，所以个子长得不高，而且胆子还很小。长大后，克洛尔只当了一名推销员，业绩也很一般。可是，每次他出门时，他的母亲总是鼓励他说："克洛尔，当你在为别人做事时，就要全力以赴。如果你不能做到的话，那就干脆不做。"但克洛尔并没有对自己的将来抱有什么奢望，只是希望不要比别人差太多就行了。

日子一天天过去，克洛尔的销售业绩没有任何提升的迹象。终于有一天，公司经理找到克洛尔，告诉他说，他必须去培训，不然就开除他。克洛尔很沮丧，开始四处寻找培训班。最后，他报名参加了由德尔斯指导的培训班。

一个月的培训结束后，德尔斯找到克洛尔，诚恳地对他说："你知道吗？我观察了你一个月了，我从未见过这样浪费自己的才能的。"

"为什么？"克洛尔很震惊。

德尔斯说："你很有能力，也很有气场，但你却把自己的位子定得太低。如果你投入工作，相信自己的能力，总有一天你会成功的，你一定会成为一个了不起的人。"

克洛尔听到后，虽然很惊讶，但精神也很振奋。从小到大，除了他母亲外，从没有别人鼓励过他，现在德尔斯的一席话胜过了母亲多年对他的鼓励。其实他并没有从培训中学到什么特殊的知识，只是记住了老师的这番话。

从这以后，克洛尔把德尔斯的话深深地刻在心底，开始对生活充满追求、充满热情。他不再满足于现状，他相信自己的能力足以让他成为一个成功的人，他的气场也越来越强大。两年后，克洛尔果然成了全英最年轻的地区主管人。

克洛尔的故事告诉我们，欲望多大，成功的概率就有多大。所以，我们要正视自己内心对成功的渴望，并将这种渴望唤醒，从而挖掘自己的潜能，获得成功。

不知你有没有这样的经历，凭借自己强烈的信念获得了自己最想要的成功。这种强烈的信念不仅能激发我们的潜意识，增强我们的意志力，还能让我们的气场越来越强大，让我们做任何事都充满激情和战斗力，对成功的欲望也越来越强烈，从而也更容易获得成功。

（1）开阔心胸，增强你的气场能量

我们的心胸就像是一个容器，它的大小能影响一个人气场的强弱。看得开、拿得起放得下、心胸开阔的人，也能容纳其他性质的气场，让你的气场更强大，意志更坚定，成功的欲望也会更强烈。

- 丰富自己的文化知识。知识多了，立足点就会高，眼界也会变得开阔。
- 经常阅读一些心理健康方面的书籍，对开阔自己的胸襟裨益不小。
- 提醒自己不要对任何事都期望过高，适当来点阿Q精神，对一些事不妨降低一点期望值。
- 多与乐观的人交往，并学习他们的思考模式、看待事物的态度等，从而不断完善自己的认知和心态。
- 不要执着于自己过去的失败，要允许自己犯错，允许自己有不足，这样才能在脚踏实地和坚持的过程中不断获得成功。

（2）用热情激发你的强大气场

无论你打算做什么或者正在做什么，都要拿出自己的热情来。热情就像是汽车油箱里的汽油，能为你提供做事的动力和能量。道理很简单，如果你并不热爱你所做的事，只是被迫地为了别人、为了生活而去做，你能坚持做好吗？

哈佛大学心理学院的一项研究表明，热情是一种精神特质，能够弥补一个人能力上20%的不足。但如果缺少热情，一个人就只能发挥出自己50%的能力。这是多么可惜的事情呀！

同样，热情还能激发出你的强大气场，让你的身上散发出活力、感染力和生命力，影响着周围的人和事，让周围的人更愿意向你靠拢，被你吸引。在这种情况下，你做事的效率也会更高，距离成功也更近。

• 多阅读一些相关的优秀书籍和杂志，甚至通过听一些有关专家的讲座或演讲来激发自己的热情。

• 多进行微笑练习，体会微笑带给你的力量和热情。

• 给自己找一个充满热情的朋友，因为热情是可以感染的，如果你经常看到对方充满热情的样子，你也会不由自主地被他的热情所感染。

• 学会真诚地赞美别人，这样做除了能增进你的人际关系外，还能让你变得更加热情，对生活和工作充满活力。

• 当你感到缺乏热情时，可通过言语对自己进行激励。比如，你可以这样对自己说："这份报告我写得很出色，很有专业水平。""今天又签了一份合同，我很有成就感。"坚持练习，你的热情就会带给你源源不断的力量。

• 用热情增强气场也需要有个过程，应从小到大、循序渐进地培养，不要指望自己一口吃成胖子，一下子就成为一个热情四射、气场超强的人，而应适当地多给自己一些时间去训练。

（3）像老板一样对待自己的工作

拿破仑说，不想当将军的士兵不是好士兵。同样，不想当老板的员工也不是好员工。即使你现在还不是老板，但你仍然要以老板为榜样，像老板那样去努力工作，对自己的未来充满信心。这样，你才能逐渐让自己的气场强大起来，提高自己掌控全局的能力和为人处世的水平，日后才有机会成为别人的老板。

• 做事要积极主动，不要等领导交代后才去做，而应自动自发地做好自己应做的事。

• 不要在别人注意你时才有好的表现，也不要等着别人来要求你，而应该为自己设立最严格的工作标准。

• 敢于对自己的行为负责，即使在工作中犯错了，也要主动站出来承担责任。

• 在做决策时，要学会通观全局。如果不能确定一件事真正对公司的发展和自身的进步有益，就要三思而后行。

意志力修炼小结

• 潜意识可以激发你的气场能量，让你的意志力变得更加坚定。

• 要拥有和谐的、强大的气场，就要学会克服羞怯、遏制怒气，冲破一切“负面气场”。

• 积极的心理暗示不但能增强你的气场，更能壮大你的意志力。

• 要想拥有超强的、独特的气场，就要不断提升自己的能力和实力，让自己具备“不可替代”的能量。

第十堂课

挑战意志极限，成为意志力的“主人”

意志力也是有极限的。生活中的许多挫折、困难、坏情绪等，都会消耗我们的意志力。但是，如果我们敢于挑战意志极限，能够在意志力感到疲乏时鼓励自己不放弃，努力再给自己一次激励，突破意志临界点，我们就会发现，我们意志力反而比之前更强大，我们也对自己的目标有了更多追求的动力。这时，我们就已成为意志力的“主人”！

1. 了解你的意志力极限

意志力有极限吗？对这个问题，很多人可能都不十分清楚。要回答这个问题，我们先来看一个100米短跑世界纪录的演变过程。

1912年，100米跑的世界纪录是10秒6，直到50年后的1968年，美国选手海因斯才将人类的纪录刷新到10秒以内。又过了40年，即2009年的世锦赛上，牙买加短跑选手博尔特以9秒58重新刷新了100米短跑世界纪录，这也是目前世界上最快的纪录。在将近100年的时间里，世界纪录只提高了1秒！可见，对于人类来说，100米短跑的极限就是10秒左右。

正如人类的肌肉和速度存在一定的极限一样，意志力同样存在着极限，而且每个人的极限也是不相同的。这往往与一个人的成长环境、个人体质和长期以来的生活习惯等有关。比如有数据统计，在贫困的非洲地区长大的运动员，要比北美地区的运动员寿命更长，耐力也更持久。而且这个差距也体现在黑人运动员与白人运动员之间，在竞技体育中，黑人运动员的整体运动寿命的确要比其他肤色的运动员长。

其实对于我们每个人来说，我们的身体和精力都像是一片未知的领域，你永远不知道自己的潜能在哪里，也不知道自己的意志力极限在哪里。但人们往往会存在一个错误的认知，就是拿以往的经历、经验等，去思考现在的自己，从而在潜意识中进行“自我设限”。

有一位房地产经纪人，在过去几年中，他取得了不错的成绩，每年能赚到几十万元的佣金。但是，他希望自己能再次提高，成为像汤姆·霍普金斯那样的人。于是，他就参加了一个培训课程。

在课上，老师让大家进行自我介绍，并分享一下自己以往的经历、经验、工作感受等，这位房地产经纪人谈到了自己的工作感受。他说：“我曾在一个季度卖出20套房子，那是我的最好纪录。不过说来惭愧，那已经是3年前的事了。后来我发现，我无论如何也创造不出这样的‘奇迹’了，或许那就是我的极限吧。但我还是想突破一下，所以我来到这里进行培训……”

这位房地产经纪人在讲这些时，大家渐渐陷入了沉思。是的，对于每个人来说，可能都曾拥有过最辉煌的时候，人们也把自己在最辉煌时取得的成绩当作是自己的极限，感觉超越它很难。

这其实就是一种自我设限，就像给自己上了一把枷锁一样。而意志力修炼的目的之一，就是突破自己过去的这一极限。有些人可能会将这当成一种挑战，但不可否认的是，人们也会对自己产生一些强烈的心理暗示，来肯定自己的那些“极限”，比如：“那是我完成得最好一份报告。”“我曾一天写了将近2万字的小说，那是我最有灵感的时候。”……

一旦我们形成了这样的自我设限，我们就会陷入一个个恶性循环当中。而事实上，人的潜力是无穷大的，你不要局限自己的意志力发挥，也不要害怕制定更高标准的要求。

（1）认识自己的不足，并战胜自己

了解自己的意志力极限，是自我认识的一个重要部分，也是提升自身意志力必不可少的一个步骤。只有全面认识自己的不足，才能真正获得自信，从而寻找方法，努力克服自己的极限。

• 善于从现实生活中分析自己，比如最近事业、工作各方面的基本情况如何，存在着哪些失误，或者是否喜欢你的工作，工作成绩如何，等等。

• 了解自己的强项和弱项，特别是当遭遇失败时，要反省自己哪些地方做得不好，自己的能力还存在哪些欠缺。

• 面对自己的不足，不要灰心失望，更不要放弃自己，而要相信自己有能力克服这些弱点。尤其是一些你认为已经尽力却没能做好的事，更要坚信自己能够通过努力改变现状，完成任务。

（2）拆除你思维中的高墙

“一个人成功与否，就看他能否突破自我，找到潜在的能量！”这是著名成功学大师拿破仑·希尔说过的一句话。在意志力面前，每个人在现实中与潜意识的自我之间都存在着很大的差异，就像中间隔着一面厚重的墙，有些人推倒了这面墙，抓住了潜在的力量，那么他就成功了；而有的人始终走不出自己内心的思维，突破不了自己的意志力极限，也无法抓住自己的潜能力，那么他也只能平庸无奇。

• 遇到困难或遭遇瓶颈时，给予自己积极的自我暗示，并让这种积极的暗示逐渐成为习惯，时刻影响你的大脑。

• 做任何事都不要半途而废，始终相信自己能做到、做好，用“能”的力量来支撑自己。

• 敢于突破自己，做自己想做的事，不要害怕失败，告诉自己：“即使真的失败了，这也是一种挑战、一种进步。”

• 善于把大目标分解成一个个小目标，然后再一个个突破，有助于消除倦怠心理，增强克服困难、战胜挫折的勇气。

• 将自己的行动和目标不断加以对照，明确自己的行动与目标之间的距离，时刻激励自己，提升意志力。

2. 敢于突破意志临界点

《80/20法则》的作者理查德·科克曾经说过：“每一股力量，无论是一种产品、一家公司、一支新组建的摇滚乐队，或者是慢跑、溜冰等新的生活方式，当达到某一时刻后，就会难以再取得进一步的发展。人们会有很长一段时间花费大量的付出，但收益却很小，以至于人们选择了放弃。但是，如果这股力量能够坚持下去，并超越这根无形的线，付出就会获得惊人的回报！”

这一说法在人类历史上也可以得到佐证。历史上许多伟大的人物之所以能够取得常人难以企及的成就，成为巨人、先驱，就因为他们都有一个共同的特点，那就是敢于突破自己，敢于走常人不敢走的路。伽利略、富兰克林、达·芬奇、爱因斯坦、贝多芬、罗素、萧伯纳、丘吉尔等，他们在许多方面与普通人一样平常，区别就在于他们敢于向那些无人问津的领域和问题发起挑战，敢于不断挑战自己的意志力，直至突破意志力的临界点。

那么，什么是意志力的“临界点”呢？其实对我们每个人来说，你之前通过努力而实现的某一目标、某种成功，你所能达到的巅峰状态，就是你的临界点，也称为你的“压力位”。在形成这一“压力位”后的一段时间内，即使你反复努力，也难以再次实现突破。

但是，这并不是说这一临界点就再也无法突破，要突破它，你需要不断提升自己的意志力。当你的意志力获得提高后，你的知识水平、能力、素质等，也都会获得极大的提高，此时再来完成之前看起来不可能完成的任务，也会变得容易一些。

在美国历史上，就有这样一位人物，少年时开始专注于修鞋，没多久，他的技术就比那些老手高明了很多。

1834年，他从西点军校毕业。

1864年，美国内战爆发，他率军远征，先后夺取了亨利堡及多纳尔森堡，为联邦军队取得自内战爆发后的最大胜利。晋升为中将后，他又率军迅速瓦解了罗伯特·李率领的军队，为结束美国内战屡立战功。

1868年，他由美国共和党提名当选为美国第十八任总统，并于1872年赢得连任。

1877年离任后，他开始环游世界。虽然旅途中充满艰辛，他却最终圆满完成。

1884年，他为《世纪杂志》撰写战争回忆录，尽管每天都在遭受喉癌病痛的折磨，依然坚持签订了协议。

1885年，在完成个人回忆录最后清样校对后不到一周，完成了最后心愿的他安然辞世，而他的书一经公开出版便成为畅销书。

他，就是美国历史上最充满传奇色彩的将军——尤利西斯·辛普森·格兰特，一个时常被母亲称为“没用的家伙”的人。但他从不认为自己是没用的，相反，他一步步突破自己，从一个小人物逐渐成长为美国最具权威的领袖，从一无所有到位高权重。尽管每一次突破都无比艰难，但他最终还是凭借自己坚强的意志力，实现了一次又一次的突破。

应该说，为了突破你的意志力临界点，你需要对自己严格一点，通过科学的方法不断激发出身体内的潜能量。以下三个简单的方法，如果你能做到了，你就能够真正实现对自己的突破。

（1）为自己设定新的目标

想想你原来的意志力极限，你的“压力位”，然后为自己提出一些新的目标。当你确定新的目标后，你未来的“临界点”就是用来被不断突破的。如果你能体会到意识焦点的微妙变化，你也会从过去的“极限”中走出来，让新的目标成为你注意力的焦点，你也开始为实现这一焦点而努力。

• 根据自己目前的状态，为自己设立一个新的奋斗目标。比如，你现在每分钟能打60个字，且很长一段时间都难以突破，那就为自己设立一个每分钟打65个字的目标，并为之努力。

- 在为实现目标而努力时，在脑海中不断重复铭记：我应该而且必须完成。
- 拒绝头脑中冒出来的动摇念头，藐视“我可能会失败”“我可能难以做到”等想法。
- 当你努力完成了一个消耗巨大意志的目标后，要给自己适当的时间休息，然后再去实现下一步的目标，不要将意志力一次性全部耗完。
- 研究发现，人的意志力在早晨是最强大的，所以你不妨将突破目标的任务放在早晨来做。比如想坚持锻炼身体，那就养成早上锻炼的习惯。

（2）为突破你的“临界点”做好准备

为了实现新的目标，突破意志力临界点，事先的准备必不可少。比如，你现在还是个半专业的鼓手，之前的速度是每分钟单击200下，你认为这已经是你的临界点了。你的新目标是单击400下，目标提高了一倍，那么你需要做哪些准备呢？

- 调整好你的坐姿，处于最舒适的状态。
- 做深呼吸，让自己放松心情，不要紧张。
- 锻炼臂力，提高你的耐受力。
- 挑选出几副不错的鼓槌，尤其要选出最适合你的。
- 购买一个练习拳击用的速度球，每天抽出一定的时间练习。
- 如果要突破其他的目标，你就遵照上面这些方式方法，来为你的目标做最佳的准备工作。

（3）不断挖掘“我想要”的力量

在突破意志力临界点过程中，即使遇到困难，甚至感觉自己的意志力好像到了极限时，也不要就此放弃，而应努力挖掘自己潜意识中的“我想要”的力量，让自己再次恢复能量。

• 问问自己，倘若这一次坚持下来，我会收获什么？我是否会变得更健康、更幸福、更自由，或者更成功？

• 在内心中鼓励自己：如果这次能够克服这个困难，那么一段时间后，这个困难就会变得容易，自己的生活和工作也会获得很大的进步。

• 当发现某一目标正是你最想要的目标时，就以这个目标来鼓励自己，因为它是在你脆弱时给予你动力的源泉。每当你想要放弃时，就想一想这个目标，用它来激励自己。

• 当你被困难逼得几乎无路可走时，不妨做个最坏的假设，问问自己："如果我把这件事搞砸了，将会产生什么后果？"思索一下，让自己冷静下来，做个最坏的打算，然后再重新给予自己积极的暗示："这个困难一定是有办法解决的，一定，一定！"

3. 挑战意志力疲惫期，让意志力不断增加

有时我们可能感到很不解：怎么，难道意志力也有疲惫期吗？

答案是肯定的。有研究表明，意志力也与其他很多资源一样，是一种有限的资源。当你下意识地抑制自己的思想和行为，下意识地做出某些决定或抵制诱惑，或者对一切都全力以赴时，你就会逐渐感到疲惫。这种疲惫，其实就是意志力到达了疲惫期。

幸运的是，我们的意志力虽然会有疲惫期，却是可以恢复的。

有一对夫妻，丈夫患病，长期卧床，生活不能自理。妻子每天伺候丈夫的饮食起居，不离不弃。多年后的一天，丈夫终于离开人世。将丈夫送走后，妻子却一下子病倒了，到医院一检查，所有的人震惊了，原

来妻子患癌症已经多年。按照病情发展，妻子在四五年前就应出现癌症晚期症状且不久后离开人世，但妻子却以一个健康人的状态照顾丈夫好几年。我们很难想象，这些年她是以怎样的意志力来支撑自己，支撑这个家的。当记者后来采访这位妻子时，她只是虚弱地说：“我不能倒下，我还要照顾我的丈夫。如果我倒下了，就没人照顾他了。”是的，她不断挑战自己的意志力疲惫期，让意志力不断增强，不断战胜自己身体的病魔。虽然这病魔无法清除，但也被她战胜了四五年，从而为她的丈夫争取了更多的时间、更多的生命。

一个人拥有强大的意志力，也意味着他能够通过意志力本身、通过自己的身体或其他事物，利用巨大的内在能量来达到自己预定的目标。这就像爱默生所说的那样，意志力是一种“鼓舞士气、振奋人心的冲劲”。

在很多时候，尤其是遇到困难的时候，我们总是一感到疲劳就想放弃。因为当我们感到疲劳时，意志力也会变得薄弱，这就会让我们放弃很多原本已经计划好的事情。比如，将本来应该今天完成的任务往后拖，早晨本该按时起床锻炼身体却选择了睡懒觉……可以肯定地说，生活中的这些事情都会消耗我们的意志力。

但是，倘若你能在意志力感到疲倦时鼓励自己不要马上放弃，而是挑战一下自己，给自己一些正面的激励，去战胜第一次疲惫期，你会发现，你的意志力不仅不会减弱，反而比之前还有所增加，你对自己的目标也有了更多追求的动力。

不过，要想成功挑战意志力的疲惫期也不是一件容易的事，它要求我们能在人生的转折处努力坚持下来。要达到这一目标，你可能需要尝试一下下面的方法。

（1）不断提高专注力

一个人的专注能力也往往决定着他的意志力。持续的、毫不松懈的专注力，是增强意志力的突出要素。心理学家研究还认为，专注力可以是意志的唯一要素。能将自己不喜欢的事物摆在眼前，直到自己对它发生兴趣，这样的人一定能够获得成功。

所以，提升我们的专注力，是挑战意志力疲惫期，增强意志力的一个关键因素。下面这几种方法，可在一定程度上帮你提升对某些事的专注能力。

- 在做你感觉比较困难的事情前，先做好规划，列好当天要完成的部分，然后一步步完成。但在切割时间时，要注意在每件事之间预留出一定的空当，这样才不会让临时出现的事件插进来，打乱原来的计划。
- 尽可能地简化周围的干扰源，将你认为可能会打断我们专注力的事物通通隔绝，让自己的精神更集中。
- 随着做事时间的拉长，专注力肯定会降低，此时不妨先停下手里的事，专心地去“分心”，也就是暂时转移注意力，如闭目养神、站起来走走等。当整理好思绪后，再投入工作时，你会发现自己的专注力又回来了，意志力也会有所增强。
- 找一张白纸，画一个5mm的黑点，然后静心、专心地集中精力看，1分钟后你会感觉眼睛涩，流眼泪，坚持下去，不久就可以坚持到3分钟了，看的时候关键是把黑点看大，其他不要多想。这是国际射击射箭高手及日本剑道高手练习专注力的方法，我们不妨一试。

（2）练习冥想增强意志力

研究发现，冥想不仅能够训练我们的大脑，还能缓解我们的意志力疲惫现象，减轻我们所面临的压力，指导我们的大脑更好、更有效地处理内在干扰（如冲动、担忧、欲望）和外在诱惑（如声音、画面等）。而且有研究表明，在意志力疲惫期，进行5分钟的冥想便能有效地增强我们的意志力。

- 以一个舒适的姿势坐在椅子上，双脚平放于地面，或双腿盘坐在垫子上；背部自然挺直，双手放在膝盖上，让自己保持安静。
- 闭上眼睛，调整呼吸。吸气时，在脑海中默念“吸”，呼气时则在脑海中默念“呼”。重复几次，直到自己的注意力集中起来。

• 当发现自己走神时，重新调整呼吸，将自己的专注力拉回来，继续缓慢呼吸。

• 几分钟后，可以不用再默念“呼”和“吸”了，尝试专注于呼吸本身，你会体会到空气从鼻子、嘴巴进入和呼出的感觉，体会到吸气时胸腹部的扩张和呼气时胸腹部的收缩。

• 练习冥想呼吸时，不要急于求成，刚开始每天练习5分钟即可。当习惯后，再试着每天练习10~15分钟。如果仍觉得有负担，便再减少一些，切不要将较长时间的训练拖延到第二天。这样，你就能每天有比较固定的时间进行冥想，从而舒缓意志力疲惫现象。

4. 善于增强自己的意志力储备

意志力是人最重要的心理素质，是成功者最不可或缺的“精神钙质”。作为一种普遍的“心智功能”，意志力也是一种为人们所熟知的东西。我们几乎每天都能感受到它的存在。尽管不同的人对于意志力的源泉、意志力如何影响人，以及意志力的积极作用和局限性有着不同的看法，但大家都认同这一看法：意志力本身是人类精神领域里一个不可或缺的组成部分，甚至在我们每个人的生命中，意志力都发挥着超乎寻常的作用。

在我们身边，有些人天生就有较强的意志力，但总是少数，更多的情况是人的意志力来自后天的储备。通常来说，困境可以磨炼一个人的意志力，但长久的困境却会耗损一个人的意志力，比如长时间高负荷地加班工作、不间断地进行长跑训练，以及处于过于消极的生活环境等，都会让人的意志力减弱。

也就是说，当我们在自我基本需求受到威胁时，意志力就会消失殆尽，人的自控系统就会罢工。

当我们的意志力被消耗过多时，我们做事时就难以坚持，变得容易放弃，甚至变得消极起来。可见，意志力也并不是永远用不完的，它是我们身体里的一种能量，可以为我们所创造，也可因外界因素的变化而被耗尽。

但在现实生活中，我们总要应对各种困难，追求成功，意志力的损耗在所难免。在这种情况下，我们就要想办法增强自己的意志力储备，善于及时调节和补充意志力，使耗损的意志力尽快得到恢复。

曾任Google和微软全球副总裁的李开复，是个典型的工作狂，最忙时一周每天平均工作20个小时，有时还会因为工作连续飞行40多个小时，以至于经常头发乱乱的，胡子也来不及刮；而且不管工作多忙，李开复每天都要处理超过1000封电子邮件。然而让人惊讶的是，在这样繁忙的状态下，面对这些连续且损耗意志力的工作强度，李开复却始终给人一种神清气爽的感觉。

究竟在这样忙碌而劳累的工作中，在意志力不断被损耗的情况下，李开复是怎样保持良好状态的呢？

原来，李开复是将自己的职业目标当成疲惫时保持精神状态的强心剂。他曾说过："扩大自己的影响力，这不是一句空虚的口号，它给我们带来了成就感。"

正是这种积极的状态，才让他每天都能热情、高效地投入工作。在工作感觉累时，李开复还会借助在飞机上的时间小憩；在前往世界各地出差时，他还会品尝当地的美食，抽空游览一下当地的美景，借以放松自己，让自己快速恢复意志力。

事实上，我们平时应有意识地克服短暂的、间断性的意志力疲倦感，帮助意志力恢复，以增强自己的意志力储备，让自己时刻充满活力。

（1）用积极的行动调动积极的情绪

当你感到疲倦，意志力减弱时，要让自己做一些积极的行动，激发起自己对某些事的兴趣，增强你的脑力和意志力，摆脱目前的消极状态，以减轻这种暂时性的厌倦感。

• 在工作的间隙，抽空让自己起身活动一下，比如起来去倒杯茶，为办公室里的花草浇浇水，等等，以缓解紧张的神经。

• 周末也不要宅在家里，而是走走出家门，让身体动起来，通过跑步、跳健美操及一些机械运动等，让自己挥汗如雨，让意志力得到恢复。如果不能进行以上锻炼，一些简单的肢体伸展和跳跃等，也能帮你的身心恢复活力。

• 周末时，为自己的家进行一次大扫除，即使只是简单地清洗地板、收拾房间杂物，也能让你意志力焕发。

• 多参加公司或社区组织的活动，调动自己对各种事物的积极性。要知道，一些新的看法或处理事情的态度，会很自然地激发你对工作的兴趣。

（2）练习腹式呼吸放松法

人的大脑中有许多神经细胞在活动着，这种活动呈现在科学仪器上，看起来就像波动一样。大脑中的震动被我们称为脑波。用一句话来说明脑波，就是脑细胞活动的节奏。在 α 脑波状态下，大脑具有超强的学习能力和意志力，而腹式呼吸可以有效地激发 α 脑波。以下的腹式呼吸法，你不妨一试。

• 取一个舒适的坐姿，或平躺在床上，身体自然放松。

• 开始吸气，并全身用力，此时你感到肺部及腹部会因充满空气而鼓起，但不要停止，仍然用力来持续吸气，不管有没有吸入空气，只管吸气、再吸气。

• 屏住气息5秒钟，此时你的身体会感到非常紧张。

• 利用8~10秒的时间来将腹中的气体缓缓吐出，吐气时宜慢且长，而且不要中断。吐气结束后，让全身放松。

• 每次重复3~5次，每天有空时就可以做。测定呼吸后的脑波发现，吸气后屏住气息的瞬间变化很大，吐气时α脑波也持续出现。也就是说，屏住气息可令α脑波更容易出现，更能激发你的聪明才智。

5. 只要你愿意，就会产生意志力

每个人的身体里都潜藏着巨大的能量，就看你想不想、愿不愿意去挖掘了。积极、自信的心态之所以能帮助人走向成功，就在于它能让我们潜在的能量得到充分发挥，这种能量所产生的效果往往是惊人的；而消极的心态则会阻碍我们潜能的发挥，所以经常是白白地浪费掉成功的机会。

事实上，意志力能否得到激发与增强完全取决于我们自己，取决于我们是否愿意这样做。如果你想让自己的意志力更强大，那么即使在面临困境，甚至意志力告急时，也能让自己坚持下来，挺过意志力的疲惫期。这时，你的意志力就不会不断增加，你的身体也能产生巨大的能量。

杰克·沃特曼是一名著名的棒球运动员，他凭借着自己的能力创造了一个又一个奇迹。

退伍后，杰克·沃特曼加入了职业球队，不久后却被开除了，因为球队经理觉得他的动作无力，才有意赶走他。球队经理对杰克·沃特曼说：“你这样慢吞吞的，哪像是在球场混了20多年的棒球运动员？杰克，你离开这里之后，无论你到哪里，做任何事，若你自己不想提高，你就永远不会有出路。”

当时，杰克·沃特曼的月薪是175美元。离开之后，他加入了亚特兰大球队，月薪减为25美元。这么少的薪水，这么大的落差，自然无法激发他做事的热情，但杰克·沃特曼还是决心努力试一试。10天后，一位老队员把杰克·沃特曼介绍到了罗杰斯曼顿镇。

杰克·沃特曼一生中的重大转变，就在他到达罗杰斯曼顿镇的第一天发生了。他想成为得克萨斯最棒、最具热情的球员，并且做到了。他说自己一上场，就像全身带电一样。他强力地击出高球，使接球手的双手都麻木了。有一次，他以强烈的气势冲入三垒，那位三垒吓呆了，球漏接了，他就顺利地抢垒成功了。当时气温高达华氏100度，他在球场上奔来跑去，极有可能因为中暑而倒下去。这种激情所带来的结果连他自己都很吃惊，他的球技出乎意料的好。同时，由于受到他的激情感染，其他的队员也都兴奋起来。事实上，他并没有中暑，在比赛中和比赛后，杰克·沃特曼感到自己从来没有如此健康过。

由于对工作和事业的热情，杰克·沃特曼的月薪由25美元提高到185美元，多了7倍。在后来的两年里，他一直担任三垒手，薪水加到当初的30倍之多。在谈到他的成功时，杰克·沃特曼说：“只要你愿意，你就会产生一股奋斗的激情，催促你去努力、去奋斗。除此之外，没有别的原因了。”

的确如此，人们的一些优良品质并不都是依靠客观而自然产生的，更多的都依赖于你的主观思想。你在主观上想要达到某种程度，或者想要实现某个目标，这种思想越强烈，你的大脑就会激发出更多的意志力，协助你战胜困难，直到达到你的目的。

通常来说，下面的方法可以在一定程度上帮助你更好地强化你的思想和观念，激发你的意志力。

（1）不断挖掘你身体内的潜能

爱迪生曾说过一句话：“如果我们能做到所有我们能做的事，我们会使自己大感惊奇。”你想让自己惊奇吗？那就努力地挖掘自己的潜能吧！下面这种实用的方法，即循序式肌肉放松法，可以帮助你有效地释放潜能。

• 找一个宁静舒适的房间，穿上宽松的衣服，然后躺在床上，全身放松。

• 让自己深呼吸三次，而且每次吸气后，都尽力忍住不呼气，然后握紧拳头，体会紧张的感觉。直到实在忍受不住时，再缓缓将气呼出，并尽可能让自己产生一种“如释重负”的感觉。

• 按照身体的不同部位逐一传达“松弛”的自我暗示的命令。这些部位依次是：手部、前臂、手臂、头皮、前额、眼、耳、口、鼻、下颌、颈、背、前胸、后腰、腹部、臀部、大腿、膝盖、小腿、脚部。依照此次序传达“放—松—松—弛—我感到非常放松……我感觉这一部位有种由重而轻的放松感……”

• 当完成以上过程后，再想象有一股暖流由你的头顶缓缓流入颈部、胸部、腹部、腿部及脚尖。这股暖流给你带来的舒适感，可以大大增强你全身的松弛程度。

• 静静地享受这份轻松感，体会这种状态的美好和舒适。每次大约进行30分钟。

（2）用体育活动为你的意志力“灭菌”

意志力是一种心理状态，与其他器官一样，也会生病，出现“细菌”，这种腐蚀意志力的“细菌”就是好逸恶劳、拈轻怕重等疾病。其实我们每个人身上都或多或少地有些意志力疾病，让我们的意志力表现脆弱，甚至丧失功能。

而恰当的体育活动就是良好的意志力灭菌剂，国外有关专家研究表明，一些项目的体育锻炼可以培养良好的性格品质，这些性格特征包括：决心、进取心、自信心、坚韧性、责任感、勇敢、果断性、主动性、独立性和自制力等。所以，要增强你的意志力品质，成为意志力的主人，我们不妨也积极参加一些体育锻炼。不同的体育运动项目，有利于培养不同的性格特征。你可以根据自己的实际情况，选择适合自己的体育项目。

• 骑车、游泳、跑步、划船、滑水等，可增强人的顽强性，可增进自我控制性和坚定性，还可增进主动性、独立性、果断性。

- 举重、田径、投掷、射击等，可增强人的顽强性和自我控制性，也可增进勇敢品质，还可增进主动性、独立性、果断性。

- 跳水、骑马、登山、跳伞等，可增强人的勇敢和果断，也可增进主动性、独立性。

- 球类运动可增进人的主动性、独立性，也可增进顽强、果断、勇敢，还可增进自我控制、坚定性。

- 击剑、摔跤可增进人的主动性、独立性，也可增进果断性和勇敢品质，还可增进自我控制性、顽强、坚定性。

- 每天尽量抽出一些时间，或早晨，或下午，因地制宜，选择一项自己喜爱的运动项目，持之以恒，不仅可锻炼身体，更重要的是可以磨炼意志，塑造良好的个性特征。

6. 有意识地优化你的意志品质

意志品质，指的是构成人的意志力的诸多因素的总和，主要包括独立性（自觉性）、果断性、自制性和坚持性（坚韧性）等。从这些因素可以看出，意志品质也是我们在长期的社会实践和社会活动中形成的较为稳定的心理素质，主要在我们调动自身力量去克服困难和挫折的实践中体现出来。在实际的学习、工作及各种社会活动中，都需要我们付出意志努力，培养和磨炼我们的意志品质，增强意志力。有些人经常感叹自己生不逢时，没遇到过什么大风大浪，显不出自己的真品性。其实，一个人意志力的培养和磨炼，并不完全局限于挫折、困难、逆境，在我们的日常生活和各种平凡的小事中也同样能体现、培养出来，关键就在于你能通过这些平凡的小事来有意识地优化你的意志品质，这对提高你的意志力将非常有利。

比如，你次日要去旅行，必须早晨5点钟起床，可家里又没有闹钟，在这种情况下，你怀着一颗忐忑的心入睡，生怕自己睡过头。结果，第二天早上5点钟你一定能准时甚至提前醒来。在我们的生活中，这种靠潜意识控制自己生理时钟的例子，总有那么几次。

美国著名小说家杰克·伦敦在谈到自己的成功经历时说："意志不是与生俱来的，而是在参与实践的斗争中磨炼出来的。"

的确如此。第一位成功征服珠穆朗玛峰的新西兰人埃德蒙·希拉里，在被问起是如何征服这世界最高峰时，希拉里的回答是："我真正征服的不是一座山，而是我自己。"这种优秀的品质就是意志力、自制力或克己自律。

实际上，你也完全可以从每天去做一些并不喜欢的或原本认为做不到的事情开始，在"磨炼法则"的作用下，战胜自己的意志力极限，开发出自己更强的意志力。只有通过实践锻炼，才能真正获得意志力；也只有依靠惯性和反复的自我控制训练，我们的神经才有可能得到完全的控制。从反复努力和反复训练意志的角度上来说，意志力的培养在很大程度上其实就是一种习惯的养成。

贾金斯博士说："睡眠之前留在脑海里的知识或意识，会成为潜意识，深刻地留在自己的脑海中，并可转化为行动力。"同样，我们也能将贾金斯法则应用在优化自己的意志品质上。如果你认为自己的意志力薄弱，那就对自己说："我一定可以增加自己的意志。"比如，你看到一位很有希望的客户，你就假想自己很成功地与这位客户签约的场景。只要你有信心，这种自信就能增强你的意志力，不断优化你的意志品质。

具体一些来说，要有意识地优化你的意志品质，你需要从以下几个方面多努力。

（1）甩掉那些耗损你意志的借口

成功的人找方法，失败的人找借口。在我们身边，甚至包括我们自己，几乎每一个人都会犯推卸责任的毛病，给自己犯下的错误或自身的不足找出诸多借口。虽然有时你自己也很清楚不该推卸责任，却似乎控制不了自己。

要想磨炼你的意志力，就要从现在开始，甩掉那些耗损你意志的借口。美国成功学家格兰特纳曾说：“从今天开始，让我们甩掉借口吧！只要甩掉借口，我们才能与责任同行，才会向成功靠近。”

• 任何意志的行为都需通过认知这一中介环节来调节，所以，你首先要认识到自己经常有一大堆被称为借口的自欺欺人的负担。

• 当你遇到难题，又想推卸责任时，马上摘下自己的“假面具”，并提醒自己说：“噢，我又在找借口了！”

• 在你准备找借口时，马上用“但是”来驳回自己。

• 用记日记的形式记录自己与借口作斗争的过程，日记的内容包括：日期、事件、拖拉的理由、与自己辩论、行动结果（包括你的感受、你的新看法等）。记录的目的，就是把你的借口暴露给自己看。通过这种方法，让自己慢慢走出借口拖拉的怪圈。

（2）对自己的工作投入百分之百的激情和努力

当你确定下某项工作后，并不意味着一定成功，这时你还需要通过一项重要的环节来实现，那就是对这项工作持续的激情，以及全心投入、坚持不懈的努力和行动。要知道，任何事情的成功都源于我们思想的吸引。如果我们能带着高度集中、坚持不懈的思想投入到事件当中，我们就能摆脱借口的干扰，让自己获得成功。

• 每天为自己制订计划，规定自己当天须完成或一定时间内须完成的事情，尽量要求自己按时完成，否则你的意志就会在事情的断断续续、拖拖拉拉中被耗损掉。

• 即使在工作过程中遇到了困难，也不要产生挫折感，而要努力看到自己的进步，即使它很不明显。

• 当你发现自己有偷懒倾向，意志力不坚定时，立刻冷静下来，重新确定你的行动方向，并给自己定出最后的期限，努力遵守。

• 请朋友、家人或同事帮忙监督自己，一旦自己出现意志萎靡时，就让他们提醒自己。

• 在工作或完成任务的过程中，经常反思一下，问问自己“这样坚持下去，我能取得的最好的结果是什么？”“我的意志力是不是比以前有所增强了？”等等。如果回答是肯定的，就鼓励自己继续保持；如果回答不确定，就要提醒自己及时改正缺点，战胜可能出现的找借口、拖延等坏习惯。

7. 用意志超越意志力的极限

有人曾说过：每个人都是个沉睡的巨人。意思是说：每个人都是有意志的，人的无限的潜能，主要就是意志的潜能。人的认知潜能、情感潜能、想象潜能及躯体潜能等，也都是意志潜能的表现。

我们一直在强调，意志力是决定我们人生成败的根本力量，也是我们能否真正追求卓越、创造卓越、超越卓越的根本动力。意志力强大，则人会变得有信心、有毅力，敢于行动，敢于克服困难，积极追求成功；意志力薄弱，则做事容易失去信心和毅力，消极、颓丧、畏惧、忧郁、失败等也最终会将你吞噬。

意志力强大虽然是我们所追求的，但意志力也是有疲惫期、有极限的。而一个真正具有坚毅的意志品质的人，往往也能够依靠自己强大的意志力超越这种极限，从而变得更强大、更坚毅，也更无往而不胜。世界伟大革命家、思想家马克思，曾流亡国外40余年，始终将共产主义作为自己奋斗的目标，将写作无产阶级的圣经《资本论》当成自己所从事的具体事业目标。在撰写《资本论》期间，他因交不起房租而多次搬家，因买不起稿纸而不得不典当衣物。生活的贫困，工作的繁重，让马克思也积劳成疾。但是，不论生存条件如何艰难，马克思都从没有中断过《资本论》的撰写工作。相反，他以常人难以想象的坚强意志，不断超越意志力的极限，克服了一个又一个巨大的困难。1883年3月14日下午2点45分，马克思在家中的安乐椅上溘然长逝的时刻，他的书桌上还放着《资本论》第二卷和第三卷的手稿。马克思的一生，不正体现了他的意志品质的伟大和超群吗？

生活原本就离不开苦难和挫折，不论任何人，要想真正超越自己，获得成功，都必须学会忍耐、刻苦的方法，能够应付遇到的任何困难，能够不为外界的东西所引诱。只有具备这样坚强的意志力，才敢于挑战意志的极限，真正发挥出自己的潜能，成为意志力的“主人”。

在前面的内容中，我们为大家提供了很多提升意志力的方法和措施，最终目的也是希望能真正增强我们的意志力。但客观地说，当你真正面对意志力极限时，能依靠的，还是你原来所具备的坚强意志。只有将你原来的意志充分发挥出来，才能帮你突破意志力瓶颈，让你的意志力提升上一个更高的台阶。

由此可见，要想不断提高我们的意志力极限，强化我们的意志力，还需要我们平时在生活中有意识地多做一些可以增强意志力的事情，随时随地修炼意志力。

（1）随时随地强化自己的意志力

不论任何时候、任何地方，都要想办法强化我们的意志力。久而久之，我们的一些削弱意志的行为和习惯就会在持久、强大的意志力面前举手投降。

• 主动的意志力可以帮助我们克服困难和惰性，让我们将注意力集中在目标之上。因此，在遇到阻力时，想象一下自己在战胜它后的喜悦，并告诉自己：既然投身于实现自己目标的具体实践中，就一定要坚持到底。

• 尝试给自己足够的压力。有研究发现，在足够的压力下，人的意志力会更强大。所以，不妨对自己“狠”一点，将自己置于一个毫无退路的环境里，你会发现你的意志力原来比你想象得更强大。

• 不管在任何时候，如果你的大脑中出现不良想法，一定要马上、坚决地将它赶出去，并用与目标有关的正面念头取代它。

• 将“我想在这件或那件事上随心所欲”的想法换成“我希望做到相反的事，我希望自己实现目标”。经常这样进行积极的自我暗示、自我激励，你就没有什么事是做不到的。

（2）保持始终如一的奋斗目标

意志的坚毅，需要我们保持始终如一的奋斗目标。许多人本来头脑聪明，却朝三暮四，理想满天飞，结果干不出任何名堂来。意志力强大的人，就是一旦确立了奋斗目标，便会始终如一地追求下去，无论遇到什么困难，经历什么失败，他都毫不气馁，而是越挫越勇，勇敢地面对它、战胜它，同时还会积极总结经验教训，增强愈挫愈奋的勇气与自信，坚定不移地继续前进。

• 提升意志力的有效方法之一，就是为自己设立一个始终如一的奋斗目标，可以是生活上的，也可以是事业上的，总之是能够让你坚持不懈地前进的。

• 在为你的目标努力时，要不断在脑海中提醒自己：我应该而且必须实现。这种想法可以有效地强化你的意志。

• 目标完成一部分，取得一些小成就时，可以适当地给自己一些奖励，比如出去旅游、跟朋友一起吃一顿大餐等，激励自己再接再厉，向着更大的成就前进。

• 当你感觉坚持不下去、想要放弃时，先让自己慢慢放松下来，不要再强迫自己继续去做事，找一些活动转移一下注意力，比如看看电视、读读书，或者运动一下。这些让人感到轻松的事情可以重新补充你的脑部供养，缓解你的意志力疲劳。

• 不论任何时候，始终都不要忘记你的目标，要努力为这个目标提供最优的服务，把自己的选择做到极致，始终如一地向着目标迈进，相信你的目标一定能实现，你的意志力也一定会因此而更强大！

意志力修炼小结

• 正如人类在肌肉和速度上存在一定的极限一样，意志力同样存在着极限，而且每个人的极限都是不相同的。

• 要想突破意志力极限，你需要付出更多的努力，不断提升你的意志力。

• 如果你能在意志力感到疲倦时挑战一下自己，给自己一些积极的鼓励，让自己战胜第一次疲惫期，你会发现，你的意志力不仅不会减弱，反而比之前有所增加。

• 意志力也会耗损，需要我们经常进行能量的储备。

• 通过一些平凡的小事有意识地优化你的意志品质，可以不断让你的意志力变得强大。

参考文献

[1]（美）菲尔图. 意志力是训练出来的 [M]. 长沙：湖南文艺出版社，2013.

[2] 申小娜. 超级自控力——不做习惯的奴隶[M]. 北京：中国华侨出版社，2013.

[3] 马琴. 激发——成功就是唤醒潜能[M]. 苏州：古吴轩出版社，2012.

[4] 巨雷. 意志力的修炼[M]. 北京：电子工业出版社，2012.

[5] 弗兰科・哈德克. 意志的力量：自控力练习题[M]. 北京：中国言实出版社，2009.

[6] 何常明. 自控力 [M]. 北京：金城出版社，2006.

[7] 格桑泽仁. 自控力修习术 [M]. 北京：九州出版社. 2013.

[8] 闫燕. 意志力[M]. 北京：中国画报出版社. 2010.